에미 뇌터가 들려주는 이항연산 이야기

에미 뇌터가 들려주는 이항연산 이야기

초판 1쇄 발행일 | 2008년 5월 16일
초판 20쇄 발행일 | 2021년 4월 27일

지은이 | 김승태
펴낸이 | 정은영
펴낸곳 | (주)자음과모음

출판등록 | 2001년 11월 28일 제2001-000259호
주소 | 04047 서울시 마포구 양화로6길 49
전화 | 편집부(02)324-2347, 경영지원부(02)325-6047
팩스 | 편집부(02)324-2348, 경영지원부(02)2648-1311
e-mail | jamoteen@jamobook.com

ISBN 978-89-544-1572-9 (04410)

19 수학자가 들려주는 수학 이야기

에미 뇌터가 들려주는

이항연산 이야기

| 김 승 태 지음 |

(주)자음과모음

추천사

수학자라는 거인의 어깨 위에서
보다 멀리, 보다 넓게 바라보는 수학의 세계!

수학 교과서에는 '결과' 로서의 연역적 수학 방법을 제시하는 경향이 강하기 때문에 학생들은 수학이 끊임없이 진화해 왔다는 생각을 하기 어렵습니다. 그렇지만 수학의 역사는 하나의 문제가 등장하고 그에 대해 많은 수학자가 새로운 아이디어로 고심해서 해결해 온 역동적인 과정입니다.

〈수학자가 들려주는 수학 이야기〉는 수학 주제의 발생 과정을 수학자들의 목소리를 통해 친근하게 이야기 형식으로 들려주기 때문에 학생들이 수학을 '과거 완료형' 이 아닌 '현재 진행형' 으로 인식하는 데 도움이 될 것입니다.

학생들이 수학을 어려워하는 요인 중 하나는 '추상성' 이 강한 수학적 사고의 특성과 '구체성' 을 선호하는 학생들 사고 사이의 괴리입니다. 이런 괴리를 줄이기 위해 수학의 추상성을 희석시키고 수학의 개념과 원리를 구체적으로 설명하는 것이 필요합니다. 〈수학자가 들려주는 수학 이야기〉는 수학 교과서의 내용을 생동감 있게 재구성함으로써 추상적인 수학을 구체적인 수학으로 변모시키고 있습니다. 또한 사이사이에 곁들여진 수학자들의 에피소드는 자칫 무료해지기 쉬운 수학 공부에 윤활유 역할을 해 줍니다.

〈수학자가 들려주는 수학 이야기〉는 우선 수학자의 업적을 개략적으로 소개하고, 6~9개의 수업을 통해 수학의 내적 세계와 외적 세계, 교실의 안과 밖을 넘나들며 수학의 개념과 원리를 알려 준 뒤, 마지막으로 수업에서 다룬 내용들을 정리합니다. 책의 흐름을 따라 읽다 보면 각 시리즈가 다루고 있는 주제에 대한 전체적이고 통합적인 이해를 할 수 있을 것입니다.

〈수학자가 들려주는 수학 이야기〉는 학교에서 배우는 수학 교과 과정과 긴밀하게 맞물려 있으며, 전체 시리즈를 통해 학교 수학의 많은 내용을 다룹니다. 예를 들어《라이프니츠가 들려주는 기수법 이야기》는 수가 만들어진 배경, 원시적인 기수법에서 위치적인 기수법으로의 발전 과정, 0의 출현, 라이프니츠의 이진법에 이르기까지 기수법에 관한 다양한 내용을 다루고 있는데, 이는 중학교 1학년 수학 교과서의 기수법 내용을 충실히 반영합니다. 따라서 〈수학자가 들려주는 수학 이야기〉를 학교 수학 공부와 병행하여 읽는다면 교과서 내용을 보다 빨리 소화, 흡수할 수 있을 것입니다.

뉴턴은 '만약 내가 멀리 볼 수 있었다면 거인의 어깨 위에 앉았기 때문이다'라고 했습니다. 과거의 위대한 사람들의 업적을 바탕으로 자기 앞에 놓인 문제를 보다 획기적이고 효율적으로 해결할 수 있었다는 말입니다. 학생들이 〈수학자가 들려주는 수학 이야기〉를 읽으면서 위대한 수학자들의 어깨 위에서 보다 멀리, 보다 넓게 수학의 세계를 바라보는 기회를 갖기 바랍니다.

홍익대학교 수학교육과 교수 | 《수학 콘서트》 저자 **박 경 미**

책머리에

세상 진리를 수학으로 꿰뚫어 보는 맛
그 맛을 경험시켜 주는 '이항연산' 이야기

《에미 뇌터가 들려주는 이항연산 이야기》는 독일의 여성 수학 교수가 우리들에게 들려주는 연산에 관한 이야기입니다.

'수학' 하면 사칙연산이 먼저 생각납니다. 사칙연산이 진화하여 이항연산으로 발전합니다. 수학은 나선식으로 연결되어 확장되어 갑니다. 이항연산에 대해 연구한 수학자는 독일의 최초의 여자 교수인 에미 뇌터입니다. 남성들의 편견 속에서 힘겹게 수학 교수가 된 독일의 에미 뇌터를 생각하며 정말 고난 속에서 피어난 꽃이 아름답다는 것을 느낍니다. 꿈을 가진 우리 학생들도 지금의 험난한(?) 학창 시절과 수학의 가시밭길(?)을 극복하기를 바라는 마음으로 이 이야기를 만들었습니다. 몇몇 아는 지인들로부터 지나치게 학교 수학 위주로 구성한 것이 아니냐는 질문을 들었습니다. 하지만 저는 감히 주장합니다. 그것은 그들만의 주장일 뿐 우리 학생들에게는 아무런 도움이 되지 못한다고. 때로는 수학자들에게 미안한 일이 생기더라도 우리 학생들이 학교 수학에서 하나라도 도움을 얻을 수 있도록 내용을 꾸몄습니다. 그 길이 저자로서의 저의 사명이라고 생각하면서 철저히 학창 시절을 보내는 학생들의 시각에 맞추어 썼습니다. 이 책은 수학을 위한 책이 아닙니다. 수학을 힘들어하는 학생들을 위한 책입니다. 수학책 저자로서 감히 말합니다. 이 책은 학생들을 위한 책입니다. 이 책이 우리 학생들에게 소수0.001만큼 도움이 된다면 저에게는 큰 보람입니다. 이 책을 읽고 수학의 가시밭길을 군화 신고 가시길…….

덧붙여 이 책을 감수하신 선생님, 대학원에서 저랑 공부하며 수학적 지식을 함께한 박사 과정의 선생님, 학생들의 시각에 맞춘 글이 되도록 협력을 하신 수학 강사와 수학 선생님들에게 고마움을 전합니다.

2008년 5월 김 승 태

차례

1 이 책은 달라요

《**에미 뇌터**가 들려주는 **이항연산** 이야기》는 독일의 여성 수학자 에미 뇌터가 자신을 암살하러 온 미래의 터미네이터와 대항하는 과정에서 우리들에게 이항연산에 대한 지식을 전달하는 이야기 형식으로 만들어진 책입니다. 옛날 독일의 대학에서는 여자 교수를 인정하지 않았습니다. 그런 편견을 깨고 나온 여성 수학자 에미 뇌터에게 감명을 받은 저자는 미래에서 수학을 없애려는 자가 보낸 터미네이터에게 대항하는 저항군의 어머니로서 에미 뇌터를 설정해 보았습니다. 물론 허수처럼 가상의 이야기지만, 어떻게 하면 우리 학생들에게 이항연산에 대해 재미나게 전달할 수 있을까 하는 저자 마음의 산물입니다. 물론 지어낸 이야기지만, 우리가 중고등학교에서 배우는 수학의 틀 속에서 이야기를 꾸몄기 때문에, 이 한 권을 재미나게 읽어 나가기만 하면 학교 수학에 자신감을 가질 수 있도록 구성되어 있습니다. 그리고 우리 학생들의 눈높이에 철저히 맞춘 수학 이야기로서, 학교 시험에 자주 나오는 문제의 개념과 풀이 방법을 많이 담고 있으므로 연산에 대한 기본 실력을

쌓고 기르는 데 많은 도움을 줄 것입니다.

2 이런 점이 좋아요

1 초 · 중등 과정에서 배운 수 체계의 연장선상에 있는 이항연산의 개념을 단계별로 소개함으로써 우리 학생들의 이해를 돕도록 꾸몄습니다.

2 에미 뇌터라는 여성 독일 수학자와 널리 알려진 터미네이터라는 영화 캐릭터를 절묘하게 꾸며 학생들이 좀 더 수학을 재미나게 배울 수 있도록 이야기를 설정하였습니다.

3 학교에서 자주 출제되는 문제만을 엄선하여 이야기와 어울리게 구성하였습니다.

3 교과 과정과의 연계

구분	단계	단원	연계되는 수학적 개념과 내용
고등학교	10-가		사칙연산, 닫혀 있다, 항등원, 역원, 이항연산

첫 번째 수업_실수와 사칙연산

수의 체계에 대해 알아봅니다. 수의 연산법칙에 대하여 알아봅니다.

• 선수 학습

– 정수 : 자연수를 포함해 0과 자연수에 대응하는 음수를 모두 이르는 말입니다.

– 유리수 : 정수 a와 0이 아닌 정수 b가 있을 때, $\frac{a}{b}$ 의 꼴로 표현할 수 있는 수입니다.

– 순환소수 : 일정한 숫자나 몇 개의 숫자들이 끝없이 되풀이되는 무한소수입니다.

– 실수 : 유리수와 무리수를 통틀어 이르는 말입니다.

– 무리수 : 유리수가 아닌 수입니다. 유리수는 분수의 꼴로 나타낼 수 있는 수이며, 유리수와 무리수를 통틀어 실수라고 합니다. 무리수를 소수로 나타내면 $\sqrt{2}=1.414213562\cdots$와 같이, 순환하지 않는 무한소수가 됩니다.

• 공부 방법

실수
- 유리수
  - 정수
    - 양의 정수자연수 : 1, 2, 3, …
    - 0
    - 음의 정수 : −1, −2, −3, …
  - 정수가 아닌 유리수 : $\frac{1}{4}, -\frac{3}{10}, \cdots$ 유한소수
    $\frac{2}{3}, -\frac{3}{7}, \cdots$ 순환소수
- 무리수 : $\sqrt{2}, \sqrt{3}, \pi, \cdots$순환하지 않는 무한소수

−실수 a, b, c에 대하여 다음이 성립함.

$a+b=b+a$, $ab=ba$교환법칙 : 자리를 바꾸어도 식은 성립함

$(a+b)+c=a+(b+c)$, $(ab)c=a(bc)$ 결합법칙 : 괄호로 묶어서 계산하기

$a(b+c)=ab+ac$, $(a+b)c=ac+bc$분배법칙 : 곱셈으로 괄호를 없애 줌

• 관련 교과 단원 및 내용

−이번 구성은 학교 교과서에서 발췌하여 이야기를 꾸몄으므로 순도 100% 학교 수업에 도움이 됩니다.

두 번째 수업 _닫혀 있다

사칙연산에서 닫혀 있다는 개념을 알아봅니다.

• 선수 학습

−공집합 : 원소가 하나도 없는 집합.

– 닫혀 있다 : 공집합이 아닌 집합 S의 임의의 두 원소에 대한 연산의 결과가 다시 S의 원소가 될 때, 집합 S는 그 연산에 대하여 닫혀 있다고 합니다.

• 공부 방법

– 수의 사칙연산에서 닫혀 있음을 나타내는 표

	덧셈	뺄셈	곱셈	나눗셈
자연수	○	×	○	×
정수	○	○	○	×
유리수	○	○	○	○
무리수	×	×	×	×
실수	○	○	○	○

• 관련 교과 단원 및 내용

– 고등학교 이상의 내용이지만 초등 고학년이면 이해할 수 있도록 쉬운 이야기 형식으로 꾸며져 있습니다.

세 번째 수업 _ 항등원

항등원이 무엇인지 알아봅니다.

• 선수 학습

– 교환법칙 : 연산의 순서를 바꾸어도 그 결과는 같다는 법칙. 덧셈에 대한 교환법칙은 $x+y=y+x$로 표현됩니다. 즉 두 수를 더할 때 그 순서를 바꾸어 더하더라도 그 결과는 똑같습니다.

곱셈에 대한 교환법칙은 $x \times y = y \times x$로 표현합니다.

즉 두 수를 곱할 때, 그 순서를 바꿔 곱하더라도 그 결과는 똑같습니다.

• 공부 방법

– 실수 전체의 집합 $\mathbb{R}$의 임의의 원소 a에 대하여

$$a+0=0+a=a$$

$$a \times 1=1 \times a=a$$

를 만족시키는 원소 0, 1이 존재합니다.

– 항등원이란?

영어로는 identity아이덴티티이고 어떤 수를 연산한 결과가 자기 자신이 되게 하는 수. 예를 들어, 임의의 수 a에 대하여 $a+e=e+a=a$를 만족시키는 e는 덧셈에 대한 항등원이라고 합니다.

• 관련 교과 단원 및 내용

– 중학교 이상의 학생들을 위한 수학의 읽을 거리 자료로 활용 가능합니다.

네 번째 수업_역원

어떤 수와 연산하여 항등원이 되는 수, 역원에 대해 알아봅니다.

• 선수 학습

– 항등원 : 어떤 수와 연산한 결과가 자기 자신이 되게 하는 수.

-반수 : 어떤 수의 부호를 바꾼 수를 처음 수의 반수라고 합니다. 이를테면 +5의 반수는 −5, −7의 반수는 +7, b의 반수는 $-b$ 단, 0의 반수는 0으로 합니다. 또 반수의 반수는 처음 수가 됩니다.

그리고 반수끼리의 합은 $(-3)+(+3)=0$과 같이 0이 됩니다.

-역원 : 어떤 수와 연산하여 항등원이 되는 수.

• 공부 방법

-자연수의 집합, 정수의 집합, 유리수의 집합, $\{a\sqrt{2} \mid a$는 유리수$\}$에서 덧셈, 곱셈에 대한 항등원, 역원이 있는지 알아봅시다.

• 관련 교과 단원 및 내용

-초등 고학년, 중학생 이상이면 쉽게 이해하도록 구성되어 있습니다.

다섯 번째 수업 _ 이항연산 -격전을 준비하며

집합 S의 두 원소 a, b의 순서쌍 (a, b)에 대응하는 집합 S의 원소 c가 정해지면 $a * b=c$와 같이 나타내고, 이 대응을 이항연산이라고 합니다. 이것에 대하여 자세히 알아봅니다.

-닫혀 있다는 개념을 다시 한 번 알아봅니다.

-이항연산에서 교환법칙을 알아봅니다.

-결합법칙에 대해서도 공부합니다.

• 선수 학습

– 대응 : 두 집합의 원소를 맺어 주는 일. 주로 대응은 함수에서 자주 사용되는데 집합 x의 각 원소에 집합 y의 원소가 하나씩 대응할 때, 이 대응을 x에서 y로의 함수라고 합니다. 따라서 대응은 함수보다 넓은 개념입니다.

– 결합법칙 : 덧셈에 대한 결합법칙은 $x+(y+z)=(x+y)+z$로 표현됩니다. 즉 여러 개의 수를 더할 때, 그중 어떤 것을 먼저 묶어서 더하더라도 결과는 똑같습니다. 예를 들면, $1+(2+3)$과 $(1+2)+3$은 모두 6으로 그 결과는 같습니다. 곱셈에 대한 결합법칙도 있습니다. 여러 개의 수를 곱할 때, 그중 어떤 것을 먼저 묶어서 곱하더라도 결과는 똑같습니다. 예를 들어, $2\times(3\times4)$와 $(2\times3)\times4$는 모두 24로 그 결과는 같습니다.

• 공부 방법

– 사칙연산은 두 수 a, b에 대하여 어떤 수 c를 대응시키는 것이라고 할 수 있습니다.

이것을 기호로 다음과 같이 나타냅니다.

$$\text{연산기호 } (a, b) \rightarrow c$$

집합 S에 속하는 두 수 a, b에 대하여 어떤 약속연산 $*$에 따라 S에 속하는 하나의 수 c를 대응시키는 것, 즉 $*(a, b) \rightarrow c$를 이항연산 또는 연산이라 하고, 기호로 다음과 같이 나타냅니다.

$$a * b = c$$

• 관련 교과 단원 및 내용

– 고등학생들에게 있어서 항등원과 역원을 구하는 계산은 자주 출제되는 문제입니다.

여섯 번째 수업_항등원과 역원

항등원과 역원 구하기에 대해 알아봅니다.

• 선수 학습

– 항등원과 역원의 존재 조건

항등원을 정의한 식 $a*e=e*a=a$와 역원을 정의한 식 $a*x=x*a=e$에서 항등원과 역원이 존재할 수 있는 조건을 살펴봅니다.

$a*e=a$, $a*x=e$가 성립하려면 a, e, x가 모두 집합 S의 원소이어야 합니다. 그리고 $a*e=e*a$, $a*x=x*a$에서 항등원, 역원을 가지려면 교환법칙이 성립해야 합니다.

$a*e=e*a=a$에서 항등원은 오직 하나만 존재합니다.

$a*x=x*a=e$에서 역원은 항등원이 존재할 때만 존재합니다.

$ax=b$에서

$a\neq0$일 때, $x=\dfrac{b}{a}$이고

$a=0$일 때, $b\neq0$이면 해가 없습니다. 불능

• 공부 방법

– 항등원과 역원 구하기

덧셈, 곱셈에서와 같이 일반의 연산에서도 항등원, 역원은 항상 존재하는 것이 아닙니다. 어떤 수의 집합에서 생각하는가에 따라, 그리고 연산의 정의를 어떻게 하느냐에 따라 항등원과 역원이 존재할 수도, 존재하지 않을 수도 있습니다.

$a * e = e * a = a$를 다 함께 만족시키는 e가 항등원이지만 주어진 연산의 교환법칙이 성립함을 말해 줌으로써 $a * e = a$만을 만족시키는 e를 항등원이라고 해도 됩니다.

– 연산표에서 항등원과 역원 찾기

항등원

연산의 결과가 세로 축과 같은 열을 찾습니다. 이때 이 열의 가로 축의 원소가 항등원입니다.

a의 역원

세로 축이 a일 때, 연산의 결과가 항등원이 되는 지점을 찾습니다. 이때 이 지점을 포함하는 열의 가로 축의 원소가 역원입니다.

• 관련 교과 단원 및 내용

– 고등학교 교과서에 실려 있는 내용으로 꾸며 보았습니다.

에미 뇌터를 소개합니다

Emmy Noether (1882~1935)

나는 고등학교 1학년 때 배우는

이항연산을 연구한 여성 수학자, 에미 뇌터입니다.

나의 아버지도 대학에서 수학을 가르친 분이었습니다.

1927년에 《대수체 및 대수함수체에 있어서의 이데알론의 추상적 건설》을 발표하여

추상대수학의 기초를 확립하는 데 크게 공헌하였답니다.

오늘날 추상대수학에서 여러분들이 자주 부딪치게 되는

'Noetherian ring', 'Noetherian integral domain', 'Noetherian locan ring'

등은 모두 내 이름이 붙여진 개념이지요.

추상대수학의 기초를 확립하는 과정에서

내 공헌이 얼마나 큰 것인지 잘 알 수 있겠지요?

여러분, 나는 에미 뇌터입니다

하늘에서 스파크가 일어납니다. '찌지직 찌지직' 여기는 독일 남부 바이에른 지방의 안개 낀 쾨니히제 호숫가입니다. 어떤 물체가 하늘에서 떨어져 웅크리고 있습니다. 발가벗은 근육질의 남자입니다. 서서히 일어나는 남자, 사방을 둘러보는 그 남자의 동공에 비치는 좌표평면과 수치들……. 그렇습니다. 그는 사이보그입니다. 사이보그의 뇌에 입력된 주요 임무는 에미 뇌터라는 수학자를 찾아내는 것입니다.

에미 뇌터Emmy Noether, 1882~1935는 1882년 3월 23일에 태어난 독일의 수학자입니다. 에미 뇌터가 강의하고 있는 대학 강의실, 에미 뇌터는 오늘도 학생들을 열심히 가르치고 있습니다. 이때 강의실 복도 구석에서도 스파크가 일어납니다. '찌지직 찌지직 쿵' 하고 한 남자가 복도 바닥에 떨어집니다. 꺼벙해 보이지만 그 남자의 왼쪽 눈썹에 착한 기운이 감돕니다. 그 남자, 두리번거리며 에미 뇌터를 찾으러 강의실로 들어갑니다. 허름한 바바리코트를 입은 사내가 강의실로 들어오자 에미 뇌터와 학생들은 놀랍니다.

이상은 에미 뇌터가 겪은 일의 시작입니다.

나, 에미 뇌터는 지금은 독일 대학의 수학 교수지만 내가 공부한 시대에는 여학생들의 입학조차 허가하지 않았습니다.

이때 사내는 에미 뇌터에게 심각한 표정으로 아래 입술만 열어 댑니다.

"에미 뇌터 교수님, 지금 이러고 계실 때가 아닙니다."

나는 적지 않게 놀랐습니다. 엄청난 우여곡절을 겪은 내 삶이지만 이런 난감한 일은 또 뭐란 말입니까?

갑자기 나의 수업을 방해한 그 남자는 나를 교실 밖으로 끌어

내어 심각한 말투로 나에게 설명을 합니다. 자신이 먼 미래에서 온 수학을 지키는 용사라고 합니다. 그리고 나, 에미 뇌터를 죽이기 위해 미래에서 사이보그가 왔다고 말했습니다.

나는 믿기지 않았지만 왜 날 죽이려고 하는지 물어보았습니다. 그는 담담한 어조로, 그러니까 3 이상 7 미만 되는 목소리 톤으로 말합니다.

"미래에는 수학을 싫어하는 사람들이 혁명을 일으켜 지구를 정복하게 됩니다. 하지만 수학을 사랑하는 사람의 저항도 만만치 않습니다. 지하 조직을 만들어 대항을 하고 있습니다. 그리고 지금 우리를 이끌고 있는 수돌이 장군이 바로 에미 뇌터 교수님의 손자이십니다. 수돌이 장군의 어머니는 없습니다. 인공수정으로 태어난 분이시니까요. 그래서 혁명군들은 사이보그를 시켜서 이항연산을 만드신 에미 뇌터 교수님을 처치하러 사이보그 $\frac{1}{3}$이라는 터미네이터를 보낸 겁니다. 사이보그 $\frac{1}{2}$보다 정밀한 것입니다. 아주 무서운 사이보그지요."

그는 터미네이터가 곧 나를 찾을 거라며 어딘가로 피신하여야 한다고 했습니다. 정말 무서운 일입니다. $12345679 \times 63 = 777777777$이라는 사실처럼 믿기지 않습니다.

한편 사이보그 $\frac{1}{3}$은 이제부터 터미네이터라고 부르겠습니다. 왜냐하면 $\frac{1}{3}$이라는 분수는 수식 편집기에서 찾아 써야 하니까 불편합니다. 이해해 주세요.

터미네이터는 에미 뇌터인 나를 찾아 에를랑겐 대학에 나타났습니다. 내가 1900년 겨울 학기에 청강생이 된 학교입니다. 984명의 남학생과 함께 공부했었죠. 여학생은 나를 포함해 단 2명뿐이었습니다. 거기서 나는 1903년 독일의 어떤 대학에도 입학 허가가 주어지는 국가 졸업 시험에 합격하였지요. 코피 흘리며 공부했습니다. 그래서 나는 유럽 최고의 수학자인 힐베르트와 클라인에게 수업을 듣게 됩니다. 그러던 중 학칙이 바뀌어 나는 정식 수업을 들을 수 있는 자격을 얻게 됩니다. 그 전까지는 여학생에게는 입학 자격이 없었거든요. 지금 생각해 보면 말도 안 되는 일이지만 그땐 그랬어요. 나는 파울 고르단 교수와 함께 연구 활동을 했습니다. 나는 그와 함께 연구하여 $f(x, y, z)=x^3y+6y^2z^2-5xyz^2+7z^4$과 같이 모든 항의 지수의 합이 4가 되는 3개의 변수를 가진 다항식과 관련된 3원 4차방정식과 작용소 대수의 특징을 발견하였습니다.

이때 에미 뇌터를 도우러 온 남자이제부터 폴이라고 부르겠습니다. 폴은 이렇게 말합니다.

"교수님, 이 식을 보니 그들이 왜 선생님을 죽이려고 하는지 이해가 됩니다."

나는 이 논문을 1907년 12월 13일 수학 교수 위원회에서 발표하였고, 이로 말미암아 졸업식에서 최고상과 함께 수학 박사 학위를 받았습니다.

아참, 터미네이터가 내가 다닌 대학에 나타났다고 했습니다. 그는 파울 고르단 교수에게 내가 어디 있는지 물어보았습니다. 당연히 노교수님은 내가 어디 있는지 모른다고 했습니다. 사실 몰랐고요. 하지만 그 잔인한 터미네이터가 안 가르쳐 준다며 노교수님을 그만 떠밀었다네요. 노교수님은 연세가 있어서 중심 잡기 힘든데 말이죠. 정말 잔혹합니다.

거기서 만족스러운 대답을 듣지 못하자 터미네이터는 다음과 같은 나의 자료를 입수하게 되었습니다. 괴팅겐 대학 과학 학술지에 실린 〈불변량의 문제〉1918. 이 논문은 오늘날 '뇌터의 정리'라고 불리게 되는 대단한 것입니다. 나의 정리는 일반상대성 이론의 주요한 주춧돌이 되었지요. 나의 연구는 아인슈타인의 법칙에 수학적 기초를 제공합니다.

그래서 터미네이터가 아인슈타인을 찾아가게 되었습니다.

터미네이터 : "유, 아인슈타인?"

아인슈타인 : "예스."

터미네이터 : "유, 에미 뇌터, 아유are you?"

아인슈타인 : "아유? 충청도 사투리, 아님 영어?"

갑자기 아인슈타인이 화를 버럭 냅니다.

아인슈타인 : "너 몇 살이야? 내 흰머리 안 보여? 어디서 버릇 없게 반말이야!"

터미네이터 : "아이 엠 소리, 설sir."

터미네이터는 아인슈타인에게 혼이 나고 물러갑니다. 아인슈타인은 상대성이론이라는 유명한 이론을 발견한 대단한 물리학자입니다. 정말 대단합니다.

터미네이터는 내가 처음 〈초월수에 관하여〉라는 논문으로 대학 교수직을 맡게 된 괴팅겐 대학에 나타났습니다. 터미네이터는 괴팅겐 대학의 행정실에 도착하여 한 남자 직원을 위협하고 있습니다.

터미네이터 : "너 에미 뇌터 교수 알아?"

남자 직원 : "예, 알고 있습니다."

터미네이터 : "그녀한테 월급 많이 주니?"

남자 직원 : "아니요. 무보수로 일했습니다."

터미네이터 : "공짜로? 왜!"

남자 직원 : "그 당시 독일 교수 사회가 상당히 보수적이라 여성에게 자리를 내주기도 힘들었고 돈을 주는 것은 더더욱 불가능했습니다."

터미네이터 : "정말 부당하네. 어찌 그럴 수가. 너 이리 와. 네가 대신 좀 맞아야겠다. 수학에는 대입법과 치환법이라는 게 있으니까 너한테도 그걸 적용하마."

그래서 괴팅겐 대학 행정부 직원은 터미네이터에게 엄청 맞았습니다. 한편으로는 지난 나의 과거에 대한 억울함이 생각났지만 사람을 때리는 터미네이터는 정말 나쁩니다.

터미네이터는 내가 〈이데알론에서의 힐베르트 수〉1925, 〈이데알의 이론 및 군 특성〉1926 등의 논문을 써서 대수학 연구에 혁명을 일으킨 사실을 알고 있었습니다. 나는 이 논문들을 통해, 내가 제시한 개념들이 일반적인 이론에 광범위하게 적용될 수 있음을 보여 주었습니다.

다음은 논문의 일부입니다.

$$(1)=\{\cdots, -3, -2, -1, 0, 1, 2, 3, \cdots\}$$

$$\cup\!|$$

$$(2)=\{\cdots, -6, -4, -2, 0, 2, 4, 6, \cdots\}$$

$$\cup\!|$$

$$(4)=\{\cdots, -12, -8, -4, 0, 4, 8, 12, \cdots\}$$

$$\cup\!|$$

$$(20)=\{\cdots, -60, -40, -20, 0, 20, 40, 60, \cdots\}$$

$$\cup\!|$$

$$(100)=\{\cdots, -300, -200, -100, 0, 100, 200, 300, \cdots\}$$

$$(100) \triangleleft (20) \triangleleft (4) \triangleleft (2) \triangleleft (1)$$

정수환에서 정수 n의 배수는 (n)의 형태로 표시되는 이데알이 됩니다. 20의 배수 집합은 4의 배수 집합의 부분집합이 되고, 4의 배수 집합은 다시 2의 배수 집합의 부분집합이 되는데, 이와 같은 이데알들의 포함 관계는 결국 (1)에서 끝나기 때문에 정수들은 오름차순의 순환 조건을 만족합니다.

이 논문을 본 터미네이터는 오작동을 일으키기 시작합니다. 찌지직 찌지직…….

"나는 찌직 터미널인가? 터미네이터인가? 찌지직."

아무리 최첨단의 터미네이터라도 나의 수학을 이해하기란 쉽지 않나 봅니다. 하지만 이 논문의 발표와 더불어 나의 추상대수의 연구에 대한 아이디어는 전 세계에 퍼져 나갑니다.

많은 수학자들이 나의 이론을 통해 대수기하와 대수적 위상기하 및 물리학과 화학 분야에서 대상의 추상적 구조를 연구하는 방법으로 많은 발견을 하게 됩니다. 그 후 1970년에는 미국 초등학교의 수학교육에 '새수학' 이라는 것으로 히트를 칩니다.

정신을 차린 터미네이터가 가죽점퍼를 입고 스쿠터를 몰고 고속도로로 오고 있습니다. 그러다가 경찰관에게 잡혀 딱지를 끊었습니다. 오토바이나 스쿠터는 고속도로를 운행할 수 없습니다.

지금 우리는 언제 터미네이터와 만나게 될지 아무도 모릅니다. 이 상황에서 내가 할 수 있는 것은 무엇일까요?

난 생각한다. 고로 존재한다. –데카르트

내일 지구의 멸망이 오더라도 나는 한 그루의 사과나무를 심기보단 수학을 연구해야 합니다. 그래서 나는 변함없이 수업을 할 겁니다. 내가 언제 터미네이터에게 죽임을 당할지 모르겠지만 나는 사칙연산, 닫혀 있다는 개념, 항등원, 역원, 이항연산, 항등원과 역원 구하기 등등을 가르치고 연구하겠습니다.

감동의 눈물을 흘려야 마땅한데 폴의 눈은 초롱초롱합니다. 그래서 나는 손가락으로 그의 눈을 가볍게 찔러 눈물을 흘리게 했답니다. 정말 긴장된 상황이지만, 나는 정신을 가다듬고 수업을 진행하겠습니다.

부득이하게 우리의 수업은 장소를 옮겨 가며 할 수도 있습니다. 우리의 상황을 아니까 이해할 것이라 믿겠습니다. 그럼 다음 시간이 1교시 수업이 될 겁니다. 뭐해요. 폴혁명군! 날 따라오세요. 노트와 필기구를 들고.

당시에는 여성이 대학생이 되는 것을 허락하지 않았습니다.
하지만 1904년, 에를랑겐-뉘른베르크 대학에서 여성의 등록을 허용하자, 나는 즉시 수학과 학생으로 등록했고 누구보다 열심히 수학을 공부했습니다.
하지만 수학 박사까지 되었지만 이번에는 교수가 될 수 있는 자격이 주어지지 않았습니다.
교수
여성이 대학생이 되는 것도 탐탁지 않은데 이제는 학생까지 가르치겠다고?
남자가 어떻게 여자에게 고개를 숙여 공부를 배운다는 거야?
끄응~.
성별과 교수 자격은 아무 상관이 없소. 대학 평의원회는 대중 목욕탕이 아니오.
나는 힐베르트 교수님 덕분에 1919년에야 교수직에 임명될 수 있었습니다. 물론 월급은 없었습니다.
하지만 곧 독일에는 히틀러의 나치가 집권했고 나는 대학에서 쫓겨나 미국으로 탈출해야만 했습니다.
히틀러
1935년 4월 14일 의사는 나에게 병명도 알리지 않은 채 수술을 받아야 한다고 했고, 나는 수술을 받다가 원인도 모른 채 숨을 거두고 말았습니다.
나는 여성이라는 이유로 수많은 차별과 탄압을 받았지만 나의 수학적 업적은 훗날 아인슈타인의 상대성이론에도 큰 영향을 주었답니다.
에미 뇌터 교수는 여성이기에 앞서 아주 위대한 수학자입니다.
아인슈타인
앞으로는 나처럼 불행한 사람이 생기지 않길 바라며, 함께 수업을 시작하도록 하죠.

첫 번째 수업

1

실수와 사칙연산

첫 번째 학습목표

1. 수의 체계에 대해 알아봅니다.
2. 수의 연산법칙에 대하여 알아봅니다.

미리 알면 좋아요

1. **정수** 자연수를 포함해 0과 자연수에 대응하는 음수를 모두 이르는 말입니다.

2. **유리수** 정수 a와 0이 아닌 정수 b가 있을 때, $\frac{a}{b}$의 꼴로 표현할 수 있는 수입니다.

3. **순환소수** 일정한 숫자나 몇 개의 숫자들이 끝없이 되풀이되는 무한소수.

4. **실수** 유리수와 무리수를 통틀어 이르는 말입니다.

5. **무리수** 유리수가 아닌 수. 유리수는 분수의 꼴로 나타낼 수 있는 수입니다. 무리수를 소수로 나타내면 $\sqrt{2}=1.414213562\cdots$와 같이 순환하지 않는 무한소수가 됩니다.

에미 뇌터가 첫 번째 수업을 시작했다

나는 다가올 암울한 미래를 위해 내가 할 수 있는 것은 폴을 가르치는 것이라 생각했습니다. 먼저 현 지구에서 초등학교를 거친 사람이라면 누구나 할 수 있는 사칙연산에 대해 이야기하겠습니다.

사칙연산이라고 표현하니까 폴이 눈을 껌벅거립니다.

미래에서 온 사람이 맞나요?

사칙연산은 +, −, ×, ÷로 계산하는 것을 말합니다.

폴은 그때서야 이해를 합니다.

"미래에서는 더하기, 곱하기, 빼기, 나누기를 뿔, 마, 꼽, 나라고 부릅니다."

미래에서는 읽는 법이 약간 바뀌기 때문에 +, −, ×, ÷ 기호의 유래에 대해 설명해야겠군요.

다음은 사칙연산의 역사입니다.

+ 기호는 13세기경에 처음 출현했습니다. 이탈리아의 수학자, 레오나르도 피사노가 7 더하기 8을 '7과 8'로 썼습니다. 라틴어로 '과'를 'et'라고 쓰는데, 이를 줄여 + 기호가 만들어졌습니다.

이때 폴이 목소리를 낮추라고 합니다. 이 사실을 터미네이터가 들으면 레오나르도 피사노를 암살하러 갈 수도 있기 때문이랍니다. 에미 뇌터는 목소리를 0.03의 작은 소리로 낮추었습니다.

이제 − 기호의 출현입니다. 이 기호는 1489년 독일의 수학자 비트만이 '모자란다'는 라틴어 단어 'minus'의 약자 −m에서 −만 따서 쓰게 됨으로써 생겨났습니다.

그 다음은 × 기호의 출현입니다. × 기호를 처음 사용한 사람은 영국의 윌리엄 오트레드이지만 어떻게 하여 이런 기호가 만들어졌는지 그 유래는 잘 알려지지 않았습니다. 이제 마지막으로 ÷ 기호의 출현입니다.

13세기경 이탈리아의 수학자 레오나르도 피사노가 7 더하기 8을 '7과 8'로 쓰면서 + 기호가 만들어졌습니다.
라틴어로 '과'를 et라고 쓰는데, 이를 줄여 + 기호가 만들어졌지요.
−는요?
사칙연산도 제대로 모르면서, 좀 적으세요.
저는 미래에서 왔기 때문에 컴퓨터 두뇌랍니다. 말씀만 해 주세요.
− 기호는 1489년 독일의 수학자 비드만이 '모자란다'라는 라틴어 단어 minus의 약자 −m에서 −만 따서 생겨났어요.
× 기호를 처음 사용한 사람은 영국의 윌리엄 오트레드이지만, 어떻게 이런 기호가 만들어졌는지 그 유래는 잘 알려지지 않았습니다.
÷ 기호는 오랜 옛날부터 쓰여 왔습니다. 10세기경 수학책에는 '10 나누기 ÷5'처럼 '나누기'라는 말도 함께 썼는데, 문자인 '나누기'를 없애고, ÷로만 쓰게 되었습니다.
수학의 미래가 심히 염려되는군요.
꾸벅 꾸벅
휴~.

이 기호는 오랜 옛날부터 쓰여 왔습니다. 10세기경 수학책에는 '10 나누기 ÷5' 와 같이 '나누기' 라는 말도 함께 썼는데, 문자인 '나누기' 를 없애고, ÷로만 쓰게 되었습니다.

지금 우리가 하는 말이 누군가에 의해 도청을 당하는 느낌이 좀 듭니다.

그래서 에미 뇌터는 폴과 다시 장소를 이동했습니다. 이곳은 인적이 드문 해변입니다. 에미 뇌터는 시원한 바다 바람과 백사장을 보니 자신이 강의하던 대학교 칠판이 생각납니다. 그래서 폴과 바로 수업을 진행합니다.

사칙연산을 하기 위해선 수들이 필요합니다. '수' 하면 보통 자연수를 생각합니다. 초등학교 때 배웠지요. 자연수란 1, 2, 3, 4, … 이렇게 1씩 커지는 수를 말합니다. 1은 최소의 자연수고, 가장 큰 자연수는 알 수 없습니다.

이때 폴이 흥분하여 미니컴퓨터를 꺼내서 가장 큰 자연수를 찾아보겠다고 합니다. 에미 뇌터는 폴을 말렸습니다.

어떤 자연수를 찾아도 거기다가 1만 더하면 그 자연수보다 더 큰 자연수가 되기 때문에 자연수는 끝이 없습니다.

"컴퓨터도 마침 배터리가 충전되어 있지 않았네요. 히히."

자연수에 0이 포함될까요? 어떤 터미네이터들과 초등학생들

은 그렇다고 생각하기도 합니다. 하지만 0은 자연수가 아닙니다. 0은 정수라고 하지요.

이 말에 폴은 자신이 대단한 발견이라도 한 양 목소리를 높여 말합니다.

"자연수의 첫 글자 '자'에는 0이 없습니다. 하지만 정수의 첫 글자, '정' 자에는 0이 있습니다."

폴은 그래서 0이 정수에 포함되는 것이라고 억지 주장을 했습니다. 에미 뇌터는 미래에서 자신을 도우러 온 사람을 학생들 대하듯이 나무랄 수는 없었습니다.

이제 정수에 대해 좀 더 알아보겠습니다. 자연수 앞에 마치 무기, 칼을 들고 있는 듯한 수를 정수라고 합니다.

−1, −2, −3, … 자연수가 −라는 무기를 들고 있는 모습이 보이지요? 그래서 음지에 있는 수라는 의미로 음의 정수라고 부릅니다. 나도 폴같이 이상하게 말하는 것 같습니다. 하지만 정

수에는 음의 정수만 있는 것이 아닙니다. 양의 정수도 있습니다. 양의 정수는 뭘까요? 앞에서 설명한 자연수가 바로 **양의 정수**입니다. 그럼 여기서 한 가지 짚고 넘어가야 할 것이 생겼습니다. 양의 정수가 바로 자연수라는 사실. 그럼 자연수와 양의 정수는 어떤 연관이 있다는 것입니다.

"혹시 자연수도 정수……?"

그렇습니다. 자연수도 정수에 포함됩니다. 그 말은 정수가 자연수보다 더 큰 수 체계, 범위입니다. 그럼 정수의 범위를 좀 더 살펴봅시다.

정수는 양의 정수자연수, 0, 음의 정수로 이루어져 있습니다. 폴이 말했듯이 0도 엄연한 정수의 한 부분입니다. 0을 빠뜨리지 마세요. 0은 소중하니까요. 0이 없이는 1004라는 수를 표현할 수 없어요. 1004와 14는 완전 다르니까요.

이때 정수가 자신이 가장 큰 수라고 까붑니다. 그건 정말 분수도 모르고 하는 소리입니다. 그래서 에미 뇌터는 분수를 가르쳐 주려고 합니다.

폴! 집중하세요.

분수는 유리수입니다. 정수 a, b $b \neq 0$을 써서 $\frac{a}{b}$의 꼴로 나타내진 수를 유리수라고 합니다. 정수 3은 $\frac{3}{1}$으로 나타내지므로 정수도 유리수에 포함이 됩니다. 하지만 유리수는 정수보다 크기 때문에 정수가 아닌 유리수 부분이 있습니다. 그런 유리수들끼리도 서로 구분하는 기준이 있지요. 그건 바로 작은 수를 나타내는 소수입니다. 분수를 소수로 만들어 보면 유리수를 크게 두 가지로 구분할 수 있습니다. 첫째는 소수 부분이 유한개의 숫자로 된 유한소수입니다.

폴이 $\frac{1}{2}$과 $\frac{3}{4}$, 두 개의 분수를 모래사장에 씁니다.

"분수 모양에서는 유한소수가 되는지 알기가 힘듭니다."

$1 \div 2 = \frac{1}{2} = 0.5$

소수점 아래가 유한개입니다. 수학책에서는 소수점 아래에 0이 아닌 숫자가 유한개인 소수를 유한소수라고 합니다.

$3 \div 4 = \frac{3}{4} = 0.75$

이것 역시 유한소수가 됩니다.

유한소수 말고 무한소수가 되는 분수는 무엇일까요?

$$1 \div 3 = \frac{1}{3} = 0.3333333333\cdots$$

이때 폴이 뭔가 이상한 기운을 느꼈는지 장소를 이동하자고 합니다. 하지만 에미 뇌터는 아직 계산이 끝나지 않았다고 합니다. 지금 그럴 시간이 없다고 폴이 다그칩니다. 그래서 에미 뇌터는 $0.3333333333\cdots = 0.\dot{3}$이라 간단히 표시하고 자리를 옮깁니다.

이제 다시 설명을 해 봅시다. 똑같은 수가 소수 아래에서 반복되는 것을 순환소수라고 합니다. 순환소수도 무한소수의 일종입니다. 순환하는 무한소수라고 합니다. 하지만 순환소수는 분수로 만들 수 있습니다. 무한소수는 소수점 아래에 0이 아닌 숫자가 무한히 계속되는 소수입니다. 만약 아까 그 장소에 남아서 소수점 아래를 써 나가더라도 끝이 없었을 것입니다. 이렇게 끝이 없는 순환소수는 반복되는 것을 점으로 표현하여 간단히 나타낼 수 있습니다.

자, 순환소수를 한번 정리해 봅니다. 순환소수는 소수점 아래의 어떤 자리에서부터 일정한 숫자의 배열이 한없이 되풀이되는 소수입니다. 순환소수에서 되풀이되는 한 부분을 순환마디라고 부르지요. 순환소수를 표현할 때는 순환마디의 수가 하나이면 그 수 위에 점을 찍어 나타내고, 순환마디가 여러 수인 경우에는 순환마디 양끝의 숫자 위에 점을 찍어 나타냅니다.

순환소수가 유리수가 되는 이유는 분수로 표현할 수 있기 때문입니다.

"어떻게 그렇게 긴 소수점 아래를 분수로 만들 수 있죠?"

놀랄 일이 아닙니다. 우리는 해낼 수 있어요. 미래는 우리가 만들어 나가는 것이니까요. 아마도 이것이 바로 수학이 아닐까요? 무한을 유한으로 만드는 것 말이죠. 이것 때문에 터미네이터가 나를 없애려 하는지도 모르겠습니다.

에미 뇌터는 어금니 꽉 깨물고 폴에게 순환소수를 분수로 나타내는 방법을 일러 주려고 합니다.

만약 0.374747474…로 나가는 순환소수가 있다고 해 봅니다. 이것을 간단히 나타내면 $0.3\dot{7}\dot{4}$가 됩니다.

그럼 이제 순환소수 $0.3\dot{7}\dot{4}$를 분수로 고쳐 보겠습니다. 폴! 순환소수를 x로 놓으세요.

$x=0.3747474\cdots$

$0.3\dot{7}\dot{4}$에서 전체를 나타내기 위해서 1000을 곱하세요. 식의 좌변과 우변에 똑같이 곱해 줘야 합니다.

$1000x=374.7474\cdots$

그리고 다시 원래 식에서 숫자 위에 점이 없는 부분까지 소수점으로 올려 주기 위해서 10을 곱해 줍니다.

$10x=3.747474\cdots$

“이번에는 이렇게 바뀌네요.”

바뀐 처음 식에서 두 번째 바뀐 식을 빼세요. 속 시원하게 빼버려요.

좌변과 우변을 동시에 빼야 합니다. 식을 다시 써 보면 다음과 같습니다.

$$\begin{array}{r} 1000x=374.7474\cdots \\ -\quad 10x=\quad 3.7474\cdots \\ \hline 990x=371 \end{array}$$

우리가 한 방법이 바로 순환마디가 같은 두 순환소수의 차를 이용하여 정수 또는 유한소수로 만드는 것입니다. $x=\frac{371}{990}$이 되어 분수가 만들어졌습니다. 분수로 만들어지니까 순환소수는 유리수입니다.

이제 실수 부분에서 소개할 마지막 수는? 무리수입니다. 무리수를 소수로 나타내면 순환하지 않는 무한소수가 됩니다. 그래서 무리수는 분수로 나타내기에는 무리입니다. 몇 가지 무리수를 살펴보면 다음과 같은 것들이 있습니다.

$\sqrt{2}=1.414213\cdots$, $\sqrt{3}=1.732050\cdots$, $\pi=3.1415926\cdots$, $\sin 10^\circ=0.1736\cdots$.

그래서 유리수와 무리수를 통틀어서 실수라고 합니다.

이상을 한번 정리해 보겠습니다. 우리가 터미네이터로부터 살아날지는 모르겠지만 잘 알아 두었다가 미래로 가져가세요. 폴!

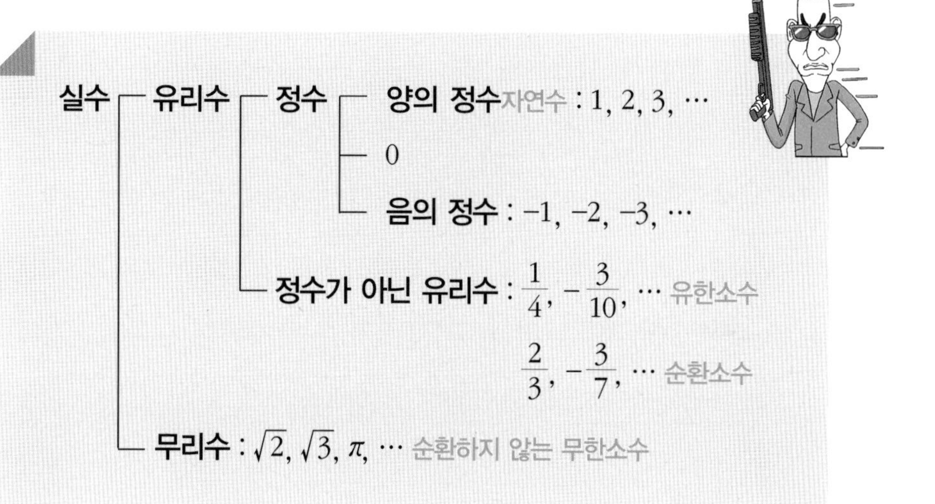

이제 폴, 우리가 해야 할 일은 이런 수들의 포함관계를 알아봐야 해요.

자연수의 집합을 $\mathbb{N}$, 정수의 집합을 $\mathbb{Z}$, 유리수의 집합을 $\mathbb{Q}$, 무리수의 집합을 $\mathbb{Q}^c$, 실수의 집합을 $\mathbb{R}$이라고 해 두세요. 이때 $\mathbb{N}$, $\mathbb{Z}$, $\mathbb{Q}$, $\mathbb{Q}^c$, $\mathbb{R}$ 사이의 포함 관계를 다음과 나타낼 수 있어요.

$$\mathbb{N} \subset \mathbb{Z} \subset \mathbb{Q} \subset \mathbb{R}, \ \mathbb{Q}^c \subset \mathbb{R}$$

여기서 분명히 알아야 할 점은 무리수 $\mathbb{Q}^c$와 유리수 $\mathbb{Q}$는 포함관계가 성립하지 않는다는 것입니다. 그들은 기름과 물의 관계라고 말할 수 있습니다.

이렇게 말하고 있는 순간이었습니다. 어디선가 갑자기 총알이 날아 와서 폴의 허벅지를 스치고 지나갑니다. 폴은 윽, 하고 주저앉습니다. 터미네이터가 드디어 나타났습니다.

터미네이터가 에미 뇌터에게 묻습니다.

"아유 에미 뇌터?"

에미 뇌터는 아무 생각 없이 그렇다고 답합니다.

그러자 터미네이터는 에미 뇌터를 향해 총을 겨눕니다. 이때 폴이 자신의 품에서 총을 꺼내 터미네이터의 가슴을 향해 집중 사격을 합니다. 알루미늄 깡통색 같은 회색 구멍을 내며 잠시 쓰러지는 터미네이터, 그 순간 폴이 에미 뇌터를 데리고 오토바이에 올라타서 달아납니다. 여기서 1교시 수업은 끝났습니다.

달리면서 전부터 정리해 놓은 쪽지를 떨어뜨렸습니다. 그 정리는 다음과 같습니다. 나중에 유용하게 쓰일 내용입니다.

덧셈, 곱셈에 대한 실수의 연산법칙

실수 a, b, c에 대하여 다음이 성립함.

$a+b=b+a$, $ab=ba$ 교환법칙 : 자리를 바꾸어도 식은 성립함

$(a+b)+c=a+(b+c)$, $(ab)c=a(bc)$ 결합법칙 : 괄호로 묶어서 계산하기

$a(b+c)=ab+ac$, $(a+b)c=ac+bc$ 분배법칙 : 곱셈으로 괄호를 없애 줌

- 실수
  - 유리수
    - 정수
      - 양의 정수 자연수 : 1, 2, 3, …
      - 0
      - 음의 정수 : −1, −2, −3, …
    - 정수가 아닌 유리수 : $\frac{1}{4}$, $-\frac{3}{10}$, … 유한소수
      - $\frac{2}{3}$, $-\frac{3}{7}$, … 순환소수
  - 무리수 : $\sqrt{2}$, $\sqrt{3}$, π, … 순환하지 않는 무한소수

교환법칙 : 자리를 바꾸어도 식은 성립함

$(a+b)+c=a+(b+c)$, $(ab)c=a(bc)$ 결합법칙 : 괄호로 묶어서 계산하기

$a(b+c)=ab+ac$, $(a+b)c=ac+bc$ 분배법칙 : 곱셈으로 괄호를 없애 줌

두 번째 수업

2

닫혀 있다

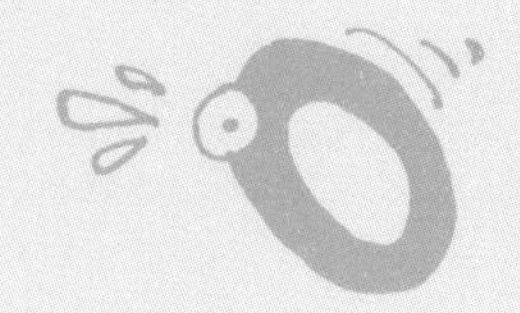

두 번째 학습목표

1. 사칙연산에서 닫혀 있다는 개념을 알아봅니다.

미리 알면 좋아요

1. **공집합** 원소가 하나도 없는 집합.

2. **닫혀 있다** 공집합이 아닌 집합 S의 임의의 두 원소에 대한 연산의 결과가 다시 S의 원소가 될 때, 집합 S는 그 연산에 대하여 닫혀 있다고 합니다.

에미 뇌터가 두 번째 수업을 시작했다

도대체 몇 마일을 달려온 것일까? 지금 에미 뇌터와 폴이 숨어 있는 곳은 인적이 드문 폐가입니다. 폴은 아까 터미네이터의 총에 다리를 맞아 다쳐 있습니다.

폴, 다친 상태는 어때요?

"견딜 만해요, 에미 뇌터 교수님."

그래서 에미 뇌터는 폴의 다친 상태를 보고 다시 폴에게 수학을 가르쳐 줍니다.

이번에 배울 내용은 '닫혀 있다' 입니다. 연산에서 닫혀 있다는 개념은 상당히 중요합니다. 뜻부터 살펴봅시다.

공집합이 아닌 집합 S의 임의의 두 원소에 대한 연산의 결과가 다시 S의 원소가 될 때, 집합 S는 그 연산에 대하여 닫혀 있다closed고 합니다. 아픈 폴을 위해 좀 더 이해하기 쉽게 말해 보겠습니다. 둘을 계산할 수 있느냐가 중요한 문제입니다.

$$3+5,\ 7-4,\ 5\times 2,\ 12\div 4$$

이것은 쉽게 계산할 수 있습니다.

아파서 끙끙대는 폴도 쉽게 풀어 버립니다.

이제 문제를 좀 더 어렵게 만들어 보겠습니다.

$3-5$, $4 \div 7$

사실 이 문제는 초등학교 수준에서는 풀 수 없습니다. 왜 그럴까요? 초등학교 수준에서는 앞에서 배운 자연수 범위에서만 계산을 했기 때문입니다. 물론 $4 \div 7$은 분수라는 개념으로 초등학교 때 살짝 다루었습니다. $4 \div 7 = \frac{4}{7}$ 입니다. 그러나 $\frac{4}{7}$ 는 자연수가 아닙니다. 분수는 유리수라고 앞에서 배웠습니다. 이럴 때 닫혀 있다는 말을 사용할 수 없습니다. 왜냐하면 (자연수) ÷ (자연수) = (자연수)가 되어야 닫혀 있는 것이지만 이 경우 (자연수) ÷ (자연수)를 했는데 자연수가 아닌 분수, 즉 유리수가 나왔기 때문입니다. 이런 경우를 우리는 닫혀 있지 않다고 합니다. 앞에서 어렵게 말한 이야기를 다시 한 번 정리해 봅시다.

공집합이 아닌 집합 S여기서는 자연수라 두고의 임의의 두 원소 자연수 4와 7에 대한 연산의 결과나누기가 다시 집합 S의 원소가 될 때, 집합 S는 그 연산에 대하여 닫혀 있다고 합니다. $4 \div 7 = \frac{4}{7}$ 로 연산의 결과가 자연수가 아니므로 닫혀 있다고 말하면 안 됩니다. 그럼 뭐라고 할까요? 그냥 닫혀 있지 않다고 하면 됩니다.

위에서 잠시 계산을 미룬 3−5에 대해서도 살펴봅시다. 3에서 5를 빼면 자연수 상태에서는 답이 나올 수 없습니다. 이런 경우 바로 닫혀 있지 않다고 말할 수 있습니다. 계산을 할 수 없을 정도이니까요. 그럼 이 친구를 꼭 계산하려고 하면 어떡할까요? 그렇습니다. 이 친구 3과 5가 잘 놀 수 있도록 환경을 크게 만들어 주는 것입니다. 3−5는 자연수 상태에서는 제대로 놀 수 없어요. 그래서 수의 체계, 즉 수의 범위를 확장시켜 주는 겁니다. 컴퓨터 업그레이드하듯이 말이죠. 3−5의 계산을 하기 위해서 수의 체계를 자연수 범위에서 정수의 범위로 확장시켜 줍니다. 그래서 우리가 1교시에서 실수의 체계를 신나게 배워 둔 것입니다. 그러면 3−5=−2라는 답을 가집니다. −2는 자연수가 아닌 정수입니다. 이 계산은 자연수 범위 내에서는 닫혀 있지 않지만 정수 범위로 수의 범위를 확장시킨다면 닫혀 있는 것이 됩니다.

이제는 닫혀 있다는 것을 확인하는 방법에 대해 공부해 보겠습니다.

일반적으로 주어진 집합이 어떤 연산에 대하여 닫혀 있는지를 확인하는 방법은 주어진 집합에서 임의의 두 원소를 뽑아내어 연산한 결과가 다시 주어진 집합의 원소인지를 확인하는 것입니다. '임의' 란 '아무것' 이라는 뜻입니다.

자연수와 정수 전체의 집합이 어떤 연산에 대하여 닫혀 있는

지를 확인해 보도록 합시다. 연산은 주로 사칙연산입니다. + − × ÷ 말입니다.

자연수 전체의 집합을 ℕ이라고 할 때, 집합 ℕ의 임의의 두 원소끼리 덧셈을 해 보면 다음과 같습니다.

$$1+1=2\in\mathbb{N},\ 2+2=4\in\mathbb{N},\ 2+3=5\in\mathbb{N},\ \cdots$$

따라서 다음과 같이 나타낼 수 있지요.

$a\in\mathbb{N}$, $b\in\mathbb{N}$이면 $a+b\in\mathbb{N}$

그러므로 집합 ℕ은 덧셈에 대하여 닫혀 있다고 합니다. 여기서 ∈라는 기호는 원소가 집합에 속한다는 기호입니다. 즉, 자연수 ℕ에 속한다는 뜻입니다.

이번에는 집합 ℕ의 임의의 두 원소끼리 뺄셈을 해 보겠습니다.

$$1-1=0\notin\mathbb{N}$$

여기서 $\notin$라는 기호는 집합의 원소가 아니라는 뜻입니다.

폴은 아픈 와중에도 설명을 잘 듣습니다.

1이라는 자연수와 1이라는 자연수를 빼면 0이라는 정수가 나오므로 집합 ℕ은 뺄셈에 대하여 닫혀 있지 않습니다. 그러나 2−1은 1이 되어 자연수가 됩니다. 이런 것을 기호로 나타내 보면 다음과 같습니다.

$$2-1=1\in\mathbb{N}$$

따라서 뺄셈에서는 어떤 경우에는 닫혀 있고 어떤 경우에는 닫혀 있지 않지요. 수학에서는 모든 경우에 다 적용될 때 된다고 말합니다. 한 가지라도 안 되면 안 되는 것으로 봅니다. 그래서 이런 경우에는 성립하지 않는다고 봅니다. 정말 까다롭지요. 이게 바로 수학의 매력이기도 합니다. 수학은 완벽함을 추구하지요. 그래서 자연수에서는 뺄셈을 자유롭게 할 수 없습니다. 하지만 우리들은 뺄셈을 자유롭게 하기 위해 수의 범위를 좀 더

업그레이드시킵니다. 정수의 범위로 말이지요. 그렇게 되면 다음과 같은 식이 성립하게 됩니다.

$2-3=-1\in\mathbb{Z}$정수

정수의 범위에서는 뺄셈에 대하여 닫혀 있는 결과가 됩니다.

집합 $\mathbb{Z}$ 임의의 두 원소끼리의 곱셈을 해 보면 다음과 같습니다.

$$(-1)\times1=-1\in\mathbb{Z},\ 0\times3=0\in\mathbb{Z},\ 2\times1=2\in\mathbb{Z},\ \cdots$$

따라서 다음과 같이 나타낼 수 있지요.

$a\in\mathbb{Z}$, $b\in\mathbb{Z}$이면 $a\times b\in\mathbb{Z}$

그러므로 집합 $\mathbb{Z}$는 곱셈에 대하여 닫혀 있다고 할 수 있습니다.

아직도 기호에 힘들어하는 폴을 위하여 에미 뇌터는 $\in$라는 기호는 원소가 집합에 속할 때 쓰는 기호라고 말해 줍니다. 집합을 나타낼 때는 반드시 대문자를 사용하고 소문자는 원소를 나타낼 때 사용한다는 것도 가르쳐 주었습니다. 다시 미래로 가서 터미네이터들과 싸우려면 많이 알고 있어야 하니까요.

빼셈에서는 정수로 수의 범위를 확장해 주어야 닫혀 있게 됩니다. 그 말을 쉽게 풀이하면 수의 범위가 정수로 커지면 자유롭게 뺄 수 있다는 뜻입니다. 그럼 이제 나눗셈을 해 볼까요?

집합 $\mathbb{Z}$ 임의의 두 원소끼리 나눗셈을 해 보면 다음과 같습니다.

$$(-1) \div 2 = -\frac{1}{2} \notin \mathbb{Z}$$

$-\frac{1}{2}$ 은 정수의 범위에 들어가지 않으므로 집합 $\mathbb{Z}$는 나눗셈에 대해 닫혀 있지 않게 됩니다. 마이너스가 있어서 그럴까요? $2 \div 3$으로 계산을 다시 한 번 해 보겠습니다. 결과는 $\frac{2}{3}$로 분수, 즉 유리수가 나왔습니다. 아무래도 정수 $\mathbb{Z}$의 범위에서는 나눗셈에 대해 닫혀 있지 않는 것이 확실합니다.

그럼 나눗셈에 대해 닫혀 있으려면 어떻게 해야 할까요?

수의 범위를 확장시키면 됩니다.

그렇습니다. 폴의 말대로 수를 유리수 범위로 확장시키면 나눗셈에 대해서도 닫혀 있을 수 있습니다. 유리수는 알파벳 Q로 씁니다. 중요한 것은 나눗셈을 할 때 0으로 나누면 안 됩니다.

이 사실은 어떠한 경우에도 변하지 않습니다. 우리가 연산을 자유롭게 하기 위해선 반드시 아래의 그림처럼 수의 범위를 늘려야 한다는 사실을 알게 되었습니다.

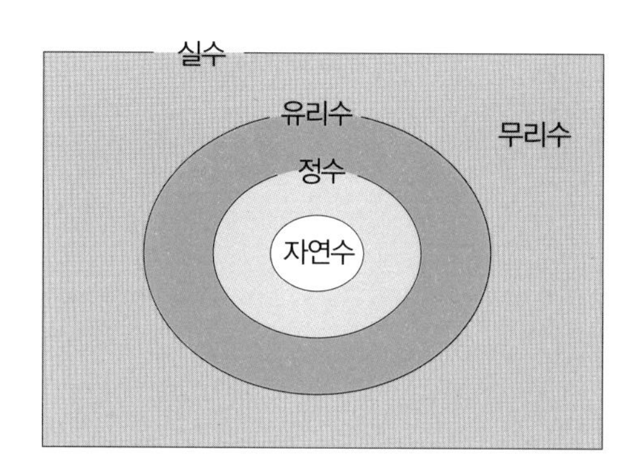

연산에 관하여 '닫혀 있다'는 뜻에 대해 곰곰이 생각해 봅시다.

a, b를 수의 집합 A의 임의의 수라고 할 때,

$a+b \in A$이면 A는 덧셈에 대하여 닫혀 있다.

$a-b \in A$이면 A는 뺄셈에 대하여 닫혀 있다.

$a \times b \in A$이면 A는 곱셈에 대하여 닫혀 있다.

$a \div b \in A$이면 A는 나눗셈에 대하여 닫혀 있다. 단 $b \neq 0$

그렇다면 여기서 수의 집합과 사칙연산에 대해 알아보겠습니다.

자연수에서는 덧셈과 곱셈에 대해서만 닫혀 있고, 뺄셈과 나눗셈에 대해서는 닫혀 있지 않습니다. 정수에서는 뺄셈이 합류하여 덧셈과 뺄셈, 곱셈에 대해서 닫혀 있습니다. 이제 수가 한 단계 더 커집니다. 여의봉이 쭈욱 쭉 늘어나듯이 수의 범위도 커져 나갑니다. 유리수에서는 덧셈, 곱셈, 뺄셈, 나눗셈 모두 다 닫혀 있습니다. 그래서 유리수보다 더 큰 실수는 다 닫혀 있겠지요.

실수는 사칙연산에 다 닫혀 있다는 말을 반드시 기억해 주세요.

"사칙연산에 닫혀 있는 상태를 표를 이용하여 나타내 봐요."

쫓기는 상황에서도 정리는 부지런히 하고 있네요. 현재의 우리 학생들은 폴의 이런 정신을 배워야 하지 않을까요? 수학을 한다는 것은 생존이 달린 문제이니까요.

	덧셈	뺄셈	곱셈	나눗셈
자연수	○	×	○	×
정수	○	○	○	×
유리수	○	○	○	○
무리수	×	×	×	×
실수	○	○	○	○

폴이 이렇게 자신의 노트에 메모를 하고 있습니다. 그런데 이것을 쳐다보는 망막이 하나 있습니다. 그 망막의 구조는 인간의 것이 아닙니다.

폴이 그린 표를 한 번에 스캔을 받듯이 인식하여 모조리 입력시켜 버립니다. 이런 망막의 구조는 바로 터미네이터입니다.

드디어 터미네이터가 에미 뇌터와 폴을 찾아낸 것입니다. 에미 뇌터와 폴은 한번 부딪쳐 보기로 합니다.

"야! 터미네이터, 내 말 잘 들어. 다음과 같은 집합이 있다.

$T=\{-1, 1\}$"

"그래서……?"

터미네이터의 목소리는 울리는 기계음으로 사람의 목소리와는 차이가 있습니다. 기계 주제에 사람 목소리의 감정까지는 흉내 내지 못하니까요.

"집합 T가 -1과 1을 원소로 가질 때 사칙연산 중 어느 연산에 대해 닫혀 있겠냐?"

"뭐?"

터미네이터는 답을 생각해 내느라 정신이 없습니다. 이 틈을 타서 에미 뇌터와 폴은 다시 달아납니다.

터미네이터는 한참 후에야 정신을 차리고 두리번거립니다. 수학은 정말 터미네이터도 얼게 만드나 봅니다. 터미네이터가 에미 뇌터와 폴을 보며 외칩니다.

"도대체, 답이 뭐냐?"

까악
타앙
파악!
으악! 터미네이터가
우릴 찾아냈어요.

폴의 말이
거짓말이
아니었네.
저에게
맡겨 주세요.

야! 터미네이터, 집합 T가 -1과
1을 원소로 가질 때 사칙연산 중
어느 연산에 대해
닫혀 있냐?
뭐?

으하하! 무식하긴.
그것도 몰라?

모르긴 누가 몰라.
그게 그러니까….
이 틈을 타
달아나시죠.

교수님
답이 뭐죠?
답도 모르는
문제를 내다니….
곱셈과 나눗셈에만
닫혀 있어요.

터미네이터에게 낸 문제를 풀이하겠습니다.

$T=\{-1, 1\}$에서 덧셈을 먼저 알아보겠습니다. 우선 집합의 성질에서 같은 두 원소를 더할 수 있습니다. 집합의 성질을 모르고선 이 문제를 풀 수 없습니다. 1과 1을 더하면 2가 됩니다. 2는 집합 T에 없지요. 그래서 집합 T는 덧셈에 대해 닫혀 있지 않습니다.

뺄셈을 해 보겠습니다. −1 빼기 1을 해 보겠습니다.

$$(-1)-1=-1-1=-2$$

앞은 −1이고 뒤의 −1은 1을 빼라는 소리지만 정수의 계산에서는 같은 의미로 쓰입니다. 그러나 −2는 집합 T에 없습니다. 아무리 뛰어난 터미네이터의 인공눈이라도 없는 것은 찾을 수 없습니다.

다음은 곱셈 계산입니다. 결론부터 말하면 곱셈에 대해서는 닫혀 있습니다. 몇 가지 안 되니 하나하나 다 곱해 봅시다.

$$(-1)\times 1=-1,\ (-1)\times(-1)=1,\ 1\times(-1)=-1,\ 1\times 1=1$$

어떻게 곱하더라도 그 결과는 −1과 1뿐입니다. −1과 1은 집합 T에 얌전히 들어 있습니다.

나눗셈을 해 볼까요?

$$(-1)\div 1=-1,\ (-1)\div(-1)=1,\ 1\div(-1)=-1,\ 1\div 1=1$$

나누기 역시 계산 결과가 집합 T에 다 있는 것입니다. 그러므로 집합 T는 곱셈과 나눗셈에 대해서만 닫혀 있는 것이랍니다.

때가 됐으니 2교시를 마치고 3교시에서 다시 만나도록 하지요.

	덧셈	뺄셈	곱셈	나눗셈
자연수	○	×	○	×
정수	○	○	○	×
유리수	○	○	○	○
무리수	×	×	×	×
실수	○	○	○	○

세 번째 수업

3

항등원

세 번째 학습목표

1 항등원이 무엇인지 알아봅니다.

미리 알면 좋아요

1 **교환법칙** 연산의 순서를 바꾸어도 그 결과는 같다는 법칙.

덧셈에 대한 교환법칙은 $x+y=y+x$로 표현됩니다. 즉 두 수를 더할 때 순서를 바꾸어 더하더라도 그 결과는 똑같습니다.

곱셈에 대한 교환법칙은 $x \times y=y \times x$로 표현합니다. 즉 두 수를 곱할 때 순서를 바꾸어 곱하더라도 그 결과는 똑같습니다.

에미 뇌터가 세 번째 수업을 시작했다

여기는 에미 뇌터가 어려서 자란 호숫가 근처 별장입니다. 도망 다니느라 지쳐서 자고 있는 폴이 깨지 않도록 에미 뇌터는 조용히 연구를 하고 있습니다.

$1+0=?$

$2+0=?$

$-3+0=?$

$0+\frac{7}{3}=?$

$0+-\sqrt{3}=?$

에미 뇌터는 이렇게 쪽지 위에 써 넣고 생각에 잠겨 있었습니다. 어느새 깨었는지 폴이 킥킥 웃고 있습니다.

"뇌터 박사님, 그런 쉬운 계산을 연구라고 하세요? 답은 1, 2, -3, $\frac{7}{3}$, $-\sqrt{3}$이잖아요."

이 말에 에미 뇌터는 약이 좀 올랐습니다.

그럼 이렇게 연산의 결과가 자기 자신이 나오도록 하는 0을 뭐라고 하는지 아세요?

"0을 뭐라고 하느냐고요? 0을 0이라고 하지……."

0을 뭐라고 하느냐는 질문에 폴이 잠시 주춤합니다.

실수의 연산에서 결과가 자기 자신이 나오게 하는 수를 항등원이라고 합니다. 따라서 덧셈에서 항등원은 0이 됩니다. 우선 0이 하는 역할에 대해 알아봅시다.

0의 역할

0은 자연수가 아니지만 기수법에서는 반드시 필요한 '1개도 없다'를 나타내는 수사로서, 순서로는 1의 앞에 위치합니다. '제로' 또는 '영'이라 불리는 0은 3−3=0처럼 아무것도 남지 않는 것을 나타내는 역할을 합니다. 또한 100, 2505에서처럼 십의 자리, 일의 자리, …… 에서 떡 버티고 있어 어떤 수의 자리를 지켜 주는 역할도 합니다. 만약 여기서 0이 자신의 자리를 지켜 주지 않는다면 2505는 255가 되어 서로 구별할 수 없게 됩니다. 이러한 역할을 할 때의 0을 빈자리의 0이라고 하기도 합니다.

저울이나 온도계에서 기준이 되는 0을 기준의 0이라고 합니다. 이는 양수와 음수를 나누는 기준이 됩니다.

폴은 0의 다양한 역할에 적지 않은 감동을 받았나 봅니다.

감동은 잠시 뒤로 하고 우리는 공부를 계속 해야 합니다. 항등원으로서 0에 대해서 말입니다.

이제 우리 수학자들이 쓰는 전문용어로 항등원을 다시 말해 보겠습니다.

항등원

영어로는 identity아이덴티티이고 어떤 수와 연산한 결과가 자기 자신이 되게 하는 수를 말한다.

예를 들어 임의의 수 a에 대하여

$$a+e=e+a=a$$

를 만족시키는 e를 덧셈에 대한 항등원이라고 한다.

실수 범위에서 덧셈에 대한 항등원은 0이 됩니다.

"덧셈에 대한 항등원이라고 말하는 것을 보니 다른 것에 대한 항등원도 있다는 건가요?"

그렇습니다. 잠시 후에 배우겠지만 곱셈에 대한 항등원도 있습니다.

덧셈에 대한 항등원에서 조심해야 할 점을 한 가지 말해 주겠습니다. 자연수의 범위 내에서는 덧셈에 대한 항등원이 없다는 것입니다.

"자연수에는 0이 없기 때문입니다."

그렇습니다. 정수에서는 0이 존재하므로 덧셈에 대한 항등원은 정수에 있습니다. 그러므로 자연수끼리 더하면 자기 자신의 수가 나올 수 없습니다.

이제 조금 전 폴이 의문을 제기한 덧셈에 대한 항등원이 아닌 곱셈에 대한 항등원을 알아보겠습니다. 곱셈이라고 해서 항등원의 원래 의미가 달라지지 않습니다. 곱셈이라고 했기 때문에 곱해서 자기 자신의 수가 나오게 하는 수를 곱셈에 대한 항등원이라 말합니다.

연습해 볼까요?

$$1\times3=3,\ 1\times(-3)=-3,\ 1\times\frac{7}{3}=\frac{7}{3},\ 1\times(-\sqrt{2})=-\sqrt{2}$$

1을 곱하면 그 결과는 항상 자기 자신입니다. 당연한 이야기이지요.

그런데 이상하게 이러한 당연한 사실을 문자화하여 칠판에 적거나 문제로 내면 학생들은 영하 45℃로 급속 냉각됩니다. 겁먹지 마세요. 여러분들은 미래의 터미네이터를 물리칠 혁명군이 될 수도 있어요.

실수 전체의 집합 ℝ의 임의의 원소 a에 대하여

$$a+0=0+a=a$$

$$a\times1=1\times a=a$$

를 만족시키는 원소 0, 1이 ℝ에 존재합니다. 이때 0과 1을 각각 덧셈과 곱셈에 대한 항등원이라고 합니다.

항등원의 개념이 서서히 깨우쳐집니까?

폴은 약간 알게 되면서 거만해집니다. 그래서 에미 뇌터는 폴에게 문제를 하나 더 내려 합니다.

문제

자연수 전체의 집합 $\mathbb{N}$에서의 덧셈, 곱셈에 대한 항등원과 짝수 전체의 집합 $\mathbb{P}$에서의 덧셈, 곱셈에 대한 항등원을 각각 구해 보세요.

폴이 잠시 생각하다가 말합니다.

"자연수에 0이 없으므로 자연수에서 덧셈에 대한 항등원은 없고 자연수에 1이 있으므로 곱셈에 대한 항등원은 존재합니다."

그럼 이번에는 짝수 전체의 집합에 대한 것을 풀어 보겠습니다.
"0은 짝수인가요?"
아주 좋은 질문입니다. 0은 짝수입니다.

"아하, 그럼 짝수에는 덧셈에 대한 항등원이 있습니다. 그리고 짝수에 1이 없으므로 곱셈에 대한 항등원은 없어요."

너무 잘했습니다. 기쁩니다. 그럼 폴이 한 말을 수학 기호를 사용해서 나타내 보이겠습니다. 물론 기호를 사용하면 어렵습니다. 하지만 여러분이 혁명군이 될 수 있다는 사실을 명심하고 열심히 보세요. 참고로 항등원 기호를 이제부터는 e라고 할 겁니다. equal이라는 영어의 첫 글자입니다.

$a \in \mathbb{N}$ $\mathbb{N}$은 자연수이라 할 때, $a+e=e+a=a$에서 $e=0$이지만 $0 \notin \mathbb{N}$이므로 $\mathbb{N}$에서 덧셈에 대한 항등원은 없습니다.

또 $a \in \mathbb{N}$이라 할 때, $a \times e=e \times a=a$에서 $e=1$이고 $1 \in \mathbb{N}$이므로 $\mathbb{N}$에서 곱셈에 대한 항등원은 1입니다.

지금 말하는 내용은 유리수 집합 $\mathbb{Q}$에서도 그대로 성립합니다.

이제 짝수 $\mathbb{P}$에 대해 말해 보겠습니다.

$b \in \mathbb{P}$라 할 때, $b+e=e+b=b$에서 $e=0$이고 $0 \in \mathbb{P}$이므로 $\mathbb{P}$에서 덧셈에 대한 항등원은 0입니다.

또 $b \in \mathbb{P}$라 할 때, $b \times e=e \times b=b$에서 $e=1$이지만 $1 \notin \mathbb{P}$이므

로 ℙ에서 곱셈에 대한 항등원은 없습니다. 1이 짝수가 아니란 것은 다 알죠?

$a \times e = e \times a = a$, $b + e = e + b = b$에서 교환법칙이 성립합니다. 이 사실도 상당히 중요한 것입니다. 교환법칙이 성립하지 않으면 항등원이 생길 수 없습니다. 아참, 교환법칙이란 자리를 바꾸어도 성립하는 법칙을 말합니다.

이제 한 번 더 정리해 보겠습니다. 항등원 e는 모든 원소와 연산했을 때 교환법칙이 성립하면서 바로 그 원소 자신이 되게 만드는 수입니다. 반드시 교환법칙이 성립해야 합니다. 그래서 실수에서는 뺄셈이나 나눗셈에서 항등원을 만들지 못합니다.

폴이 예를 들어 설명해 달라고 합니다. 보지 않은 것은 믿지 못하겠다는 속셈 같습니다.

그럼 한번 봅시다.

2+0=0+2=2가 되지만 빼셈을 보면 2−0≠0−2가 나옵니다. 앞에 것좌변의 결과는 2지만 뒤에 것우변의 결과는 −2가 되지요. 그래서 빼셈에 대한 교환법칙이 성립하지 않음과 동시에 항등원도 만들 수 없습니다. 기왕에 공부하는 거 나눗셈도 알아보겠습니다.

$0 \div 2$와 $2 \div 0$을 살펴봅시다. $0 \div 2$를 분수로 고쳐 보면 $\frac{0}{2}=0$으로 일단 계산은 됩니다. 하지만 $2 \div 0$을 분수로 고쳐 보면 $\frac{2}{0}$로, 분모에 0이 오면 안 된다는 분수의 성질에 어긋납니다. 그래서 나눗셈에 대해서도 교환법칙이 성립되지 않습니다. 교환법칙이 성립되지 않으니 당연히 항등원도 있을 수 없습니다.

이제 복소수 집합에서의 덧셈에 대한 항등원을 배워 보도록 하겠습니다. 복소수는 $x+yi$$x$, y는 실수라고 합니다. 그러면 모든 복소수 $a+bi$$a$, b는 실수에 대하여 다음이 성립합니다.

$$(a+bi)+(x+yi)=(x+yi)+(a+bi)=a+bi$$

위의 식을 풀어 보면 $x+yi=0$이 되어야 성립합니다. 또 다음을 풀어 봅시다.

$$(a+bi)\times(x+yi)=(x+yi)\times(a+bi)=a+bi$$

$x=1$, $y=0$이 되므로 $x+yi=1$이 됩니다.

그래서 복소수 집합에서도…….

탕탕탕탕…….

앗! 터미네이터가 나타났습니다. 그래도 말을 계속하겠습니다. 복소수의 집합에서도 실수의 집합에서와 마찬가지로 덧셈에 대한 항등원은 0, 곱셈에 대한 항등원은 1입니다. 폴! 뒷문으로 탈출해요.

쿵쿵. 에미 뇌터와 폴은 오토바이에 올라타 호숫가를 빠져나갑니다.

여러분, 고등학생이 되면 배우게 되는 복소수에 대한 기본 성질에 대해 상세히 설명해 주려고 했는데 터미네이터 때문에……. 여러분이 고등학생이 되어 복소수를 잘 배워 터미네이터에게 반드시 복수해 주세요. 복소수입니다. 복소수…….

에미 뇌터와 폴은 역을 향해 달려가고 있습니다.

ℝ

ℝ

항등원 영어로는 identity아이덴티티이고 어떤 수와 연산한 결과가 자기 자신이 되게 하는 수입니다. 예를 들어 임의의 수 a에 대하여 $a+e=e+a=a$를 만족시키는 e는 덧셈에 대한 항등원이라고 합니다.

4

네 번째 수업

역원

네 번째 학습목표

1 어떤 수와 연산하여 항등원이 되는 수, 역원에 대해 알아봅니다.

미리 알면 좋아요

1 **항등원** 어떤 수와 연산한 결과가 자기 자신이 되게 하는 수.

2 **반수** 어떤 수의 부호를 바꾼 수를 처음 수의 반수라고 합니다.

예를 들어, +5의 반수는 −5, −7의 반수는 +7, b의 반수는 $-b$입니다. 단, 0의 반수는 0으로 합니다. 또 반수의 반수는 처음수가 됩니다. 그리고 반수끼리의 합은 0이 됩니다. 즉 $(-3)+(+3)=0$입니다.

3 **역원** 어떤 수와 연산하여 항등원이 되는 수.

에미 뇌터가 네 번째 수업을 시작했다

에미 뇌터와 폴이 역에 도착했을 때에는 역 어디에도 역원이 없었습니다. 역에서 기차를 타고 이동을 하려고 하는데 역원들이 없으니 궁금한 사항을 물어볼 수가 없습니다. 군데군데 총알 자국과 깨진 흔적으로 미루어 보아 터미네이터가 먼저 다녀간 것 같습니다. 역원들은 모두 사망한 것일까요? 에미 뇌터는 역원이 뭔지 폴에게 물어보았습니다.

"역에서 일하는 사람을 역원이라고 하지 않나요?"

물론 우리가 찾고 있는 사람이 바로 역원입니다. 하지만 수학에서도 역원은 있어요.

"예? 수학에 역원이 있다고요?"

그럼요. 수학의 역원을 알아보고 그 다음 역을 뒤지면서 혹시 생존한 역원이 있는지 알아봐요.

수학에서의 역원

앞에서 배운 실수에서 덧셈에 대한 항등원은 0이었습니다. 어떤 실수 a에 대하여

$$a+x=x+a=0$$

이 되는 수 x가 실수 중에 있을 때 x를 a의 덧셈에 대한 역원이라고 합니다. 어떤 수와 연산하여 항등원이 나오게 하는 수를 역원이라고 합니다. 물론, 교환법칙은 당연히 성립해야 합니다. 항등원이 있어야 역원을 구할 수 있다는 사실을 반드시 알아 두어야 합니다. 그래서 역원을 구하려면 반드시 항등원이 있는지 알아보아야 합니다.

$a+x=x+a=0$인 경우에 $x=-a$이고 이것은 실수이므로 a의 덧셈에 대한 역원은 $-a$입니다. 여기서 $-a$는 a의 반수입니다.

반수

어떤 수의 부호를 바꾼 수를 처음 수의 반수라고 한다. 예를 들어 +4의 반수는 −4, −7의 반수는 +7, a의 반수는 $-a$, 0의 반수는 0이다. 반수의 반수는 처음 수가 된다.

에미 뇌터는 반수의 성질을 가지고 폴과 말장난을 합니다.

폴은 바보가 아니다가 아니다.

"교수님, 그럼 제가 바보라는 소리 아닌가요?"

아니, 아니, 다시 말할게요. 바보가 아니다가 아니다가 아니다가 아니라…….

"그만 하세요. 언제 터미네이터가 들이닥칠지 모르는 상황에서 말장난이나 하고 있을 순 없어요."

호호, 정말 그렇네요. 빨리 폴을 한 자라도 더 가르쳐야 합니다.

반수끼리의 합은 0이 됩니다.

$$(-3)+(+3)=0,\ a+(-a)=0$$

이렇게 해서 덧셈에 대한 역원의 개념은 어느 정도 섰습니다.

이제 곱셈에 대한 역원을 배워 봅시다. 곱셈에 대한 역원을 구하려면 곱셈에 대한 항등원을 알아야 합니다.

곱셈에 대한 항등원이 뭐였죠?

"……"

대답을 못 하는 폴을 보며 에미 뇌터는 저항군의 미래가 아주 어둡다고 생각합니다. 그렇지만 아직 미래는 결정난 것이 아닙니다. 에미 뇌터는 더 열심히 폴을 가르쳐야겠다고 생각합니다.

곱셈에 대한 항등원은 1입니다.

덧셈 연산의 경우에 항등원은 0 하나만 있지만 역원은 임의의 수마다 모두 다르게 나타납니다.

"역마다 역원이 다 다르듯이 말이죠."

이번에는 폴이 농담을 합니다.

만약에 항등원을 구했는데 답이 두 개가 나온다면, 그 연산의 항등원은 없습니다. 항등원이 없으므로 역원도 구할 수 없습니다.

조금 전 곱셈에 대한 항등원이 1이란 것을 알았으니 곱셈에 대한 역원을 알아봐야지요. 곱해서 1이 나오게 하는 두 수의 관계가 바로 역원 관계입니다.

$$a \times x = x \times a = 1$$

이런 관계를 수로 말을 바꾸면 역수 관계라고 말하기도 합니다. 역수 관계는 분수에서 얼핏 지나가는 이야기로 살짝 들어봤을 겁니다.

a의 역수는 $\frac{1}{a}$입니다. 그래서 $x=\frac{1}{a}$이 됩니다. 그러나 a가 0인 경우에는 $\frac{1}{a}$이 존재하지 않으므로 곱셈에 대한 0의 역원은 없습니다.

"왜 그런지 좀 더 자세히 알려 주세요."

역수, 역원 역시 분수의 성질에 영향을 받습니다. a가 0이라면 역수는 $\frac{1}{0}$이 되는데 분모에 0이 오면 안 된다고 초등학교 분수 시간에 살짝 다루었을 겁니다. 수업 시간에 자지만 않았다면 말입니다. 그리고 하나 더, 역원이 항상 있는 것은 아니란 것을 명심하세요.

덧셈과 곱셈에 대한 역원 역시 폴이 미래로 가져가기 쉽도록 다음과 같이 포장해서 나타내 봅니다.

덧셈에 대한 역원 $a+(-a)=(-a)+a=0,\ -a\in\mathbb{R}$

곱셈에 대한 역원 $a\cdot\frac{1}{a}=\frac{1}{a}\cdot a=1\ (a\neq0),\ \frac{1}{a}\in\mathbb{R}$

포장 안에 좀 더 담기기 쉬우라고 곱하기는 점으로 표현했습니다. 중학생이 되면 '문자와 식' 이라는 단원에서 곱하기는 점으로 나타내기도 하고 생략하기도 한답니다.

이제 항등원과 역원에 대한 개념을 어느 정도 배웠으니 그들이 속하는 곳에 따라 나타나기도 하고 안 나타나기도 하는 것을 알아보겠습니다. 단, 곱셈에 대한 0의 역원은 생각하지 않기로 해요.

자연수의 집합, 정수의 집합, 유리수의 집합, $\{a\sqrt{2} \mid a$는 유리수$\}$에서 덧셈, 곱셈에 대한 항등원, 역원이 있는지 알아봅시다.

집합	덧셈		곱셈	
	항등원 0	역원	항등원 1	역원
자연수	×	×	○	×
정수	○	○	○	×
유리수	○	○	○	○
$a\sqrt{2}$	○	○	×	×

이제 구체적인 예를 들어 가면서 덧셈과 곱셈에 대한 역원 이야기를 해 보도록 합니다.

실수의 집합 $\mathbb{R}$에서의 덧셈에 대한 2의 역원은 −2이고 곱셈에 대한 2의 역원은 $\frac{1}{2}$입니다. 그 이유를 말해 볼까요?

"2에 더해서 0이 되게 하는 수는 −2이므로 −2는 덧셈에 대한 2의 역원이고, 곱해서 1이 되게 하는 $\frac{1}{2}$이 곱셈에 대한 2의 역원입니다."

잘했습니다. 하지만 똑같은 수 2라고 하더라도 그 범위가 정수 $\mathbb{Z}$로 범위를 좁힌다면 결과는 달라집니다. 덧셈에 대한 2의 역원은 −2입니다. 하지만 2의 곱셈에 대한 역원은 계산상 $\frac{1}{2}$이 나오지만 $\frac{1}{2}$은 정수 범위에 없으므로 곱셈에 대한 2의 역원이라고 해서는 안 됩니다. 따라서 정수 $\mathbb{Z}$의 범위에서 곱셈에 대한 2의 역원은 없습니다.

정수의 집합에서의 덧셈에 대한 2의 역원과 곱셈에 대한 2의 역원은 뭘까요?

2에 더해서 0이 되게 하는 수는 −2니까 −2는 덧셈에 대한 2의 역원이고 곱해서 1이 되게 하는 $\frac{1}{2}$이 곱셈에 대한 2의 역원이잖아요.
치잇~ 갈수록 사람 무시하시네.

땡! 틀렸어요.
왜 틀렸어요?

내가 문제에서 범위를 정수라고 했죠? $\frac{1}{2}$이 정수인가요?
쩝~ 유리수요.

…….

그러니까 정수의 범위에선 곱셈에 대한 2의 역원은 없는 겁니다.

자, 그래서 앞에서 배운 내용을 수학 기호를 최대한 살려 폴의 머릿속에 입력하기 위해 다시 한 번 정리해 보겠습니다.

문제는 다음과 같이 정리합니다.

문제

정수의 집합 $\mathbb{Z}$에서 덧셈, 곱셈에 대한 2의 역원과 유리수 집합 $\mathbb{Q}$에서 덧셈, 곱셈에 대한 2의 역원을 각각 구하세요.

우선, $\mathbb{Z}$에서 덧셈에 대한 2의 역원을 x라 하면 $2+x=x+2=0$이므로 $x=-2\in\mathbb{Z}$입니다.

$\therefore x=-2$

또 $\mathbb{Z}$에서 곱셈에 대한 2의 역원을 y라 하면 $2\times y=y\times 2=1$이므로 $y=\frac{1}{2}\notin\mathbb{Z}$입니다. 따라서 2의 역원은 없습니다.

이제, 유리수 범위$\mathbb{Q}$에서 덧셈에 대한 2의 역원을 x라 하면 $2+x=x+2=0$에서 $x=-2\in\mathbb{Q}$입니다.

$\therefore x=-2$

또 $\mathbb{Q}$에서 곱셈에 대한 2의 역원을 y라 하면 $2\times y=y\times 2=1$이

므로 $y=\frac{1}{2}\in\mathbb{Q}$입니다.

$\therefore y=\frac{1}{2}$

이해하기는 힘든 식이지만 폴이 미래로 가져가기에는 훨씬 간편합니다.

이제 역원에 대해 알게 된 폴과 에미 뇌터는 터미네이터에 대한 두려움을 달래기 위해 서로 질문과 대답을 주고받습니다.

덧셈에 대한 3의 역원은?

“−3! 곱셈에 대한 3의 역원은?”

$\frac{1}{3}$! 덧셈에 대한 $-\frac{2}{5}$의 역원은?

“$\frac{2}{5}$! 곱셈에 대한 $-\frac{2}{5}$의 역원은?”

$-\frac{5}{2}$!

에미 뇌터와 폴이 잠시 방심한 사이에 터미네이터가 나타나는 것을 보지 못했습니다. 그래서 폴은 저번과 같이 터미네이터에게 질문을 하고 도망가려 합니다.

"덧셈에 대한 $2+\sqrt{3}$의 역원은 뭐냐?"

"푸하하, 가소로운 것들. 아까 나는 너희들끼리 하는 이야기를 다 들었다."

"그렇다면 어서 말해 봐. 터미네이터, 덧셈에 대한 $2+\sqrt{3}$의 역원은?"

터미네이터가 음흉한 미소를 지으며 대답합니다.

"더해서 0이 되게 하는 수지. 그건 $-2-\sqrt{3}$이다. 맞혔지? 너의 목숨은 내가 가져가마."

"잠깐 아직 끝이 아니다. 곱셈에 대한 역원도 있다."

갑자기 터미네이터의 두뇌에 뭔가 화면이 뜨면서 다음과 같은 수식이 입력됩니다.

$$(2+\sqrt{3})\times x=1,\ x=\frac{1}{2+\sqrt{3}}$$

터미네이터는 x의 값이 입력되자 미소를 지으며 총부리를 폴에게 향합니다. 폴을 먼저 죽이고 에미 뇌터를 죽일 속셈인가 봅니다. 에미 뇌터는 다시 큰 소리로 외칩니다.

총부리 내려! 터미네이터, 정답이 아니다.

"뭐? 말도 안 돼. 살려고 거짓말하지 마. 정답이 아니라면 그 이유를 말해."

$\frac{1}{2+\sqrt{3}}$을 답이라고 할 수 없는 이유는 분모의 유리화를 하지 않았기 때문이지. 분모의 유리화에 대해선 나중에 생각해 봐. 숙제야. 분모의 유리화를 하면 답은 $2-\sqrt{3}$이 될 거야. 폴, 이 틈을 타서 달아나요.

이젠 더 이상 달아날 생각 마라. 이번엔 어떤 문제를 내도 절대 당황하지 않을 거야.
탕 탕
후후~ 과연 그렇게 될까? 덧셈에 대한 $2+\sqrt{3}$ 의 역원은 뭐냐?
역원?
벌써부터 당황하는군. 뇌터 교수님 여유 있게 달아나세요.
으하하! 또 당황할 줄 알고? 역원은 더해서 0이 되게 하는 수이니까 $2+\sqrt{3}$의 역원은 $-2-\sqrt{3}$이다.
쩝.
그럼 곱셈에 대한 역원은?
곱셈도 문제없지. $(2+\sqrt{3})\times x=1$이니까 $x=\frac{1}{2+\sqrt{3}}$이다.
자, 이젠 죽어라!
땡! 터미네이터, 정답이 아냐.
어~ 뭐가 잘못된 거지?
힌트만 주고 우리는 조용히 떠나 주마.
분모의 유리화를 생각해.
분모의 유리화?
으악!!

터미네이터의 머릿속에는 분모의 유리화란 글이 뜹니다. 그 말에 대한 설명이 짜르르 정리됩니다.

분모의 유리화

분모에 근호$\sqrt{\ }$가 들어 있는 식의 분모와 분자에 0이 아닌 같은 수를 곱하여 분모에 근호가 들어 있지 않은 식으로 고치는 것.

- $\dfrac{\sqrt{b}}{\sqrt{a}}=\dfrac{\sqrt{b}}{\sqrt{a}}\times\dfrac{\sqrt{a}}{\sqrt{a}}=\dfrac{\sqrt{ab}}{a}$
- $\dfrac{c}{a+\sqrt{b}}=\dfrac{c}{a+\sqrt{b}}\times\dfrac{a-\sqrt{b}}{a-\sqrt{b}}=\dfrac{c(a-\sqrt{b})}{a^2-b}$
- $\dfrac{c}{\sqrt{a}+\sqrt{b}}=\dfrac{c}{\sqrt{a}+\sqrt{b}}\times\dfrac{\sqrt{a}-\sqrt{b}}{\sqrt{a}-\sqrt{b}}=\dfrac{c(\sqrt{a}-\sqrt{b})}{a-b}$

$\sqrt{a}+\sqrt{b}$와 $\sqrt{a}-\sqrt{b}$ 사이의 관계를 켤레 무리수라고 함.

켤레란 인간들이 신고 다니는 신발처럼 한 켤레, 두 켤레 하는 켤레로 한 짝을 말함.

분모의 무리수가 더하기나 빼기 관계로 연결되었을 때 분모의 유리화를 시키기 위해 짝을 찾아서 곱해 줌.

* 분모가 세 수인 분모의 유리화는 분모 항의 2개를 묶고 나머지 1개와 계산을 함.

$$\frac{1}{\sqrt{a}+\sqrt{b}+\sqrt{c}}=\frac{1}{(\sqrt{a}+\sqrt{b})+\sqrt{c}}\times\frac{(\sqrt{a}+\sqrt{b})-\sqrt{c}}{(\sqrt{a}+\sqrt{b})-\sqrt{c}}=\frac{\sqrt{a}+\sqrt{b}-\sqrt{c}}{(\sqrt{a}+\sqrt{b})^2-c}$$

* 분모가 네 수인 분모의 유리화는 분모 항을 2개씩 묶고 계산을 함.

$$\frac{2}{\sqrt{21}-\sqrt{15}+\sqrt{14}-\sqrt{10}}=\frac{2}{(\sqrt{21}-\sqrt{15})+(\sqrt{14}-}$$

1

자연수의 집합, 정수의 집합, 유리수의 집합, $\{a\sqrt{2} \mid a\text{는 유리수}\}$에서 덧셈, 곱셈에 대한 항등원, 역원이 있는지 알아봅시다.

집합	덧셈		곱셈	
	항등원	역원	항등원	역원
자연수	×	×	○	×
정수	○	○	○	×
유리수	○	○	○	○
$a\sqrt{2}$	○	○	×	×

2 분모의 유리화

- $\dfrac{\sqrt{b}}{\sqrt{a}} = \dfrac{\sqrt{b}}{\sqrt{a}} \times \dfrac{\sqrt{a}}{\sqrt{a}} = \dfrac{\sqrt{ab}}{a}$
- $\dfrac{c}{a+\sqrt{b}} = \dfrac{c}{a+\sqrt{b}} \times \dfrac{a-\sqrt{b}}{a-\sqrt{b}} = \dfrac{c(a-\sqrt{b})}{a^2-b}$
- $\dfrac{c}{\sqrt{a}+\sqrt{b}} = \dfrac{c}{\sqrt{a}+\sqrt{b}} \times \dfrac{\sqrt{a}-\sqrt{b}}{\sqrt{a}-\sqrt{b}} = \dfrac{c(\sqrt{a}-\sqrt{b})}{a-b}$

5

다섯 번째 수업

이항연산
– 격전을 준비하며

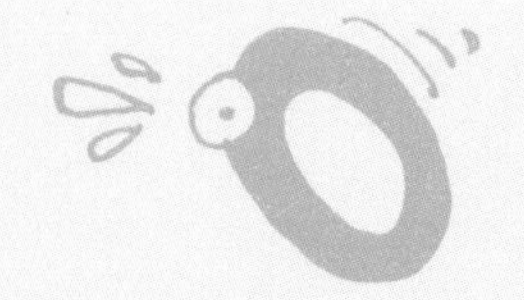

다섯 번째 학습목표

1. 이항연산에 대하여 자세히 알아봅니다.
2. 닫혀 있다는 개념을 한 번 더 알아봅니다.
3. 이항연산에서 교환법칙을 알아봅니다.
4. 결합법칙에 대해서도 공부합니다.

미리 알면 좋아요

1. **대응** 두 집합의 원소를 맺어 주는 일. 주로 대응은 함수에서 자주 사용되는데 집합 x의 각 원소에 집합 y의 원소가 하나씩 대응할 때, 이 대응을 x에서 y로의 함수라고 합니다. 따라서 대응은 함수보다 넓은 개념입니다.

2. **결합법칙** 덧셈에 대한 결합법칙은 $x+(y+z)=(x+y)+z$로 표현됩니다. 즉 여러 개의 수를 더할 때, 그중 어떤 것을 먼저 묶어서 계산하더라도 결과는 똑같습니다.

   예를 들면, $1+(2+3)$과 $(1+2)+3$은 모두 6으로 그 결과는 같습니다. 곱셈에 대한 결합법칙도 있습니다. 여러 개의 수를 곱할 때, 그중 어떤 것을 먼저 묶어서 계산하더라도 결과는 똑같습니다. 예를 들어, $2\times(3\times4)$와 $(2\times3)\times4$는 모두 24로 그 결과는 같습니다.

에미 뇌터가 다섯 번째 수업을 시작했다

폴과 에미 뇌터는 새벽 동이 틀 때까지 회의를 하고 있습니다.

"우리 이대로 도망만 칠 수 없습니다. 미래는 우리의 몫이기도 합니다."

그렇습니다. 우리는 터미네이터랑 격전을 하기로 했습니다.

설령 우리가 죽더라도 우리의 의지는 우리의 염색체에 남아 후손들에게 전해지리라 기대하면서…….

우리가 터미네이터랑 싸우기 위해 준비하는 무기는 다름 아닌 사칙연산보다 더 강력한 이항연산입니다. 일반 무기가 통하지 않는다면 우리가 최후로 사용할 무기는 이항연산입니다. 그 무기의 효력은 알 수 없지만 우리는 최선을 다해 대항을 할 것입니다.

이항연산에 대해 자세히 설명하겠습니다.

예를 들어서 5와 2가 있다고 해 봅시다. $5+2=7$, $5-2=3$, $5\times2=10$, $5\div2=\frac{5}{2}$는 덧셈, 뺄셈, 곱셈, 나눗셈으로 사칙연산을 한 것입니다.

그런데 다음과 같은 표현으로 나타낸 것이 있습니다.

$$+(5, 2)\rightarrow 7,\quad -(5, 2)\rightarrow 3,\quad \times(5, 2)\rightarrow 10,\quad \div(5, 2)\rightarrow \frac{5}{2}$$

위의 경우는 뭔지는 모르지만 연산의 정의에 따라 다른 결과가 나타납니다.

연산의 정의를 좀 살펴볼까요?

폴도 그 결과가 궁금한지 턱을 앞으로 내밀며 쳐다봅니다.

연산이 덧셈으로 주어지면 $+(5, 2) \to 7$은 $5+2=7$,

연산이 뺄셈으로 주어지면 $-(5, 2) \to 3$은 $5-2=3$,

연산이 곱셈으로 주어지면 $\times(5, 2) \to 10$은 $5\times2=10$,

연산이 나눗셈으로 주어지면 $\div(5, 2) \to \frac{5}{2}$는 $5\div2=\frac{5}{2}$

를 뜻합니다.

위에서 알 수 있는 바와 같이 사칙연산은 두 수 a, b에 대하여 연산에 따라 어떤 수 c를 대응시키는 것이라고 할 수 있습니다. 이것을 기호로 다음과 같이 나타냅니다.

연산기호$(a, b) \rightarrow c$

한편, 두 수 a, b에 대하여 한 수 c를 대응시키는 방법, 즉 연산기호$(a, b) \rightarrow c$는 사칙연산 이외에도 여러 가지를 생각할 수 있습니다. 다양한 방법을 알아 두어야 터미네이터와 싸울 수 있어요, 폴.

이를테면, 두 수 a, b에 대하여

[연산기호$(a, b) \rightarrow 2+ab$]는 2에 두 수의 곱을 더해서 대응시킨 것이고, [연산기호$(a, b) \rightarrow 3(a+b)$]는 두 수의 합에 3배를 해서 대응시킨 것입니다.

폴이 이제는 뭔가 해 보려는지 에미 뇌터가 한 말을 다음과 같이 정리해 봅니다.

"연산기호$(a, b) \rightarrow 2+ab$에서 $c=2+ab$,

연산기호$(a, b) \rightarrow 3(a+b)$에서 $c=3(a+b)$이다."

열심히 하는 폴을 위해 에미 뇌터 역시 폴에게 이항연산에 대해 다음과 같이 정리해 줍니다.

집합 S에 속하는 두 수 a, b에 대하여 연산 $*$에 따라 S에 속하는 하나의 수 c를 대응시키는 것, 즉 $*(a, b) \rightarrow c$를 이항연산 또는 연산이라 하고, 기호로 다음과 같이 나타냅니다.

$$a * b = c$$

연산을 나타낼 때, 우리가 이제껏 배워 온 사칙연산의 기호 +, −, ×, ÷와 마찬가지로 다음과 같은 기호도 사용됩니다.

$\circ$, $*$, ☆, ⊕, ⊗, ⊙, ◎, ★

그러나 보통의 경우 연산의 기호로 '◦'가 많이 사용됩니다. 하지만 나는 눈 모양인 ＊이 좋습니다. 그래서 나는 앞으로 ＊을 쓰겠습니다. 이처럼 연산의 기호는 자신의 의지와 상관있습니다. 앞으로 우리에게 닥칠 미래 역시 우리의 의지가 결정하는 것처럼 말입니다.

이항연산이 나오는 예를 들어 보이겠습니다.

$$*(3, 2) \rightarrow 20 \iff 3*2=4(3+2)$$

이와 같이 나타내기로 약속할 수 있습니다.

한 집합에서의 이항연산은 그 집합에 닫혀 있는 연산을 뜻합니다. 이 말뜻이 너무 어려울 것 같아 다시 말을 고쳐 이야기하겠습니다. 이항연산 역시 계산한 결과가 처음에 말한 범위 내에 있어야 한다는 것입니다. 예를 들어 보겠습니다.

임의의 실수 a, b에 대하여 연산 $*$를 $a*b=2ab$와 같이 정의할 때, 다음 값을 구해 보면서 설명을 해 보이겠습니다.

폴! 잘 들어 보세요.

$4*5$라는 것의 값은 $a*b=2ab$의 정의에 따라 두 수를 찔러 넣어보면 $4*5=2\times4\times5=40$입니다. 문자와 수에서 곱하기 기호는 생략할 수 있습니다. 정확하게 말해서 없어지는 것이 아니라 감추어진다는 말이지요.

자, 이제 다시 문제 하나를 더 보겠습니다.

문제

$(3*4)*5$

이 연산 역시 사칙연산처럼 괄호가 있으면 괄호 안을 먼저 풀어야 합니다. $3*4=2\times3\times4=24$가 괄호를 푼 결과이고요. 다시 그 결과에서 $24*5$를 계산해 봅니다. $24*5=2\times24\times5=240$입니다. 지금은 내가 이것을 잘 풀었지만 여러분은 이 과정을 다시 읽어 보며 생각해 보세요.

$$(3*4)*5=(2\times3\times4)*5=24*5=2\times24\times5=240$$

위에서 보듯이 계산한 결과가 240입니다. 즉 240은 자연수로서 실수의 범위 내에 들어갑니다. 이 말을 유심히 생각해야 합니다. **연산 $*$이 실수 안에서 자유롭게 계산할 수 있다는 말은 연산 $*$이 실수 범위 내에서 닫혀 있다는 뜻**이 됩니다.

연산이 닫혀 있다는 개념을 좀 더 알아보겠습니다.

집합 $C=\{0, 2, 4, 6, 8\}$로 있을 때 C의 두 원소 x, y 사이에,

$x * y = z$z는 xy를 10으로 나눈 나머지라는 연산을 표를 만들어 살펴보겠습니다.

*	0	2	4	6	8
0	0	0	0	0	0
2	0	4	8	2	6
4	0	8	6	4	2
6	0	2	4	6	8
8	0	6	2	8	4

계산 과정이 약간 어려우므로 살짝 보여 주겠습니다.

표에서 x는 6과 y는 4로 계산해 보겠습니다. 6 곱하기 4는 24지만 10으로 나눈 나머지라고 했으니까 결과는 4가 되지요. 표에서 찾아보세요. 이해를 해야 합니다, 폴!

위의 표를 보면 C의 어떤 원소 사이의 연산도 그 결과가 항상 C의 원소 0, 2, 4, 6, 8이 된다는 사실을 알 수 있습니다. 곧 집합 C는 연산 $*$에 대하여 닫혀 있는 것입니다. 샅샅이 찾아봐도 그것밖에 없지요. 다른 불순물이 있으면 닫혀 있지 않는 것입니다.

다시 알아 둡니다. 연산 $*$에 대하여 닫혀 있다는 것은 사칙연산에서 닫혀 있는 것과 마찬가지입니다. 닫혀 있다는 것은 계산 결과의 수가 처음에 말한 범위에 들어 있어야 합니다. 폴, 명심하세요.

문제

자연수의 집합 $\mathbb{N}$에서 연산 $*$를 $a*b=(a+1)(b+1)$로 정의할 때, 집합 $\mathbb{N}$은 연산 $*$에 대하여 닫혀 있을까요?

a, b가 자연수라는 것에 주목하세요. 계산 결과가 자연수가 되어야 닫혀 있는 것이니까요.

자연수 a에다가 1을 더한 $a+1$은 당연히 자연수가 됩니다. 마찬가지로 $b+1$도 자연수가 됩니다. 따라서 $a+1$, $b+1$이 자연수가 되니까 당연히 $(a+1)\times(b+1)$도 자연수입니다.

그러면 연산은 다 닫혀 있는 걸까요?

다음 문제를 통해서 닫혀 있지 않은 경우를 살펴보도록 합니다.

문제

자연수의 집합 ℕ에서 연산 $*$를 $a*b=2(a-b)+1$로 정의할 때, 집합 ℕ은 연산 $*$에 대하여 닫혀 있을까요?

$a*b=2(a-b)+1$에서 $a=1$, $b=2$라고 생각해 봅니다. 어떤 수를 예로 들어서 식이 성립하지 않는다고 보이는 것을 반례를 이용하는 방법이라고 합니다.

$a=1$, $b=2$를 $2(a-b)+1$식에 대입해 보면 $a*b=2(a-b)+1=2(1-2)+1=-1$로 계산 결과가 -1이 나옵니다. 이때 -1은 자연수가 아니지요. 그래서 집합 ℕ은 연산 $*$에 대하여 닫혀 있지 않습니다. 이처럼 닫혀 있지 않은 경우를 보려면 반례를 들어 보면 됩니다. 반례를 드는 방법은 보기보다 쉽지 않습니다.

자, 연산이 닫혀 있는지에 대해 알아보았습니다. 그럼 이제 연산의 기본 법칙을 알아보겠습니다.

우선, 첫 번째 알아야 할 법칙은 교환법칙입니다.

가령, 2+3=3+2처럼 연산 $*$에 대해서 $a*b=b*a$로 나타내는 것을 말합니다. 자리를 바꾼 연산의 좌변과 우변이 같은 결과가 나와야 교환법칙이 성립한다는 뜻입니다. 물론 제시한 연산의 범위 내에서 그 연산이 닫혀 있어야 함이 우선되어야 하지요. 이는 닫혀 있지 않은 경우도 있듯이 교환법칙이 성립하지 않는 경우도 있을 수 있다는 뜻이 됩니다.

문제

자연수의 집합 $\mathbb{N}$에서 연산을 $a*b=a$로 정의할 때, 연산 $*$는 교환법칙이 성립할까요?

$a*b=a$이지만 $b*a=b$가 되므로 교환법칙이 성립되지 않습니다. 즉 $a*b \neq b*a$가 됩니다.

이젠 결합법칙에 대해 공부합시다. 일단 결합법칙을 연구하려면 세 수 이상이 나와야 합니다. 세 수 이상에 대해 계산을 하려해도 계산은 둘씩 차례로 해야 합니다. 바로 그 순서에 대한 규칙이 결합법칙입니다. 어느 쪽을 먼저 계산해도 관계가 없다는 법칙입니다. 결합법칙에 등장하는 기호가 (　)괄호인데 이것은 먼저 계산하라는 기호입니다. 묶어 버리는 기호이지요.

괄호를 사용한 예를 들어 봅시다.

$$(2+5)+3=2+(5+3)$$

왼쪽은 2+5를 먼저 하고, 그 결과에 3을 다시 더한다는 뜻입니다. 오른쪽은 5+3을 한 다음 2를 더한다는 뜻이고요. 어느 쪽을 먼저 하든 결과는 똑같습니다. 그래서 실수는 덧셈에 대한 결합법칙이 성립한다고 말할 수 있습니다.

그래서 실수는 일반적으로 덧셈과 곱셈에 대한 결합법칙이 성립합니다. 이것을 폴이 담아 가기 편하도록 문자화시켜 보여주겠습니다.

실수 a, b, c일 때,

$(a+b)+c=a+(b+c)$

$(ab)c=a(bc)$입니다.

이제 이 결합법칙이 이항연산에서도 통하는지 알아봅시다.

긴장하지 마세요. 연산의 교환법칙처럼 연산의 결합법칙도 때에 따라 성립되기도 하고 안 되기도 합니다. 왜냐하면 이항연산이 어떤 조건에서의 어떤 연산이냐에 따라 성립하기도 하고 성립하지 않기도 하기 때문입니다.

문제

자연수의 집합 $\mathbb{N}$에서 연산을 $a*b=a$로 정의할 때, 연산 $*$는 결합법칙이 성립할까요?

$$(a*b)*c=a*c=a,$$
$$a*(b*c)=a*b=a$$

두 식 모두 a로 결과가 같게 됩니다.

이번에는 실수 전체 집합 $\mathbb{R}$에서 연산 $*$를 다음과 같이 정의해 봅시다.

$a * b = a + b + ab$

문제

집합 ℝ이 이 연산에 관하여 닫혀 있을까요?

$a * b = a + b + a \times b$로 ab 사이에 생략된 곱하기를 찾아 주면 생각이 한결 수월해집니다. 그렇습니다. 이 연산 안에는 더하기와 곱하기만 존재합니다. 그래서 이 연산은 당연히 닫혀 있는 결과가 됩니다.

문제

이 연산은 교환법칙이 성립할까요?

$a * b = a + b + ab$

$b * a = b + a + ba$

$ab = ba$이므로 이 연산은 교환법칙이 성립합니다.

문제

그렇다면 결합법칙도 성립할까요?

$$(a*b)*c=(a+b+ab)*c=(a+b+ab)+c+(a+b+ab)c$$
$$=a+b+c+ab+bc+ca+abc$$
$$a*(b*c)=a*(b+c+bc)=a+(b+c+bc)+a(b+c+bc)$$
$$=a+b+c+ab+bc+ca+abc$$

좌변과 우변의 결과가 같았기 때문에 결합법칙도 성립합니다.

사칙연산은 두 수 a, b에 대하여 어떤 수 c를 대응시키는 것이라고 할 수 있습니다.

이것을 기호로 다음과 같이 나타냅니다.

연산기호 $(a, b) \rightarrow c$

2 집합 S에 속하는 두 수 a, b에 대하여 어떤 약속연산 $*$에 따라 S에 속하는 하나의 수 c를 대응시키는 것. 즉 $*(a, b) \rightarrow c$를 이항연산 또는 연산이라 하고, 기호로 다음과 같이 나타냅니다.

$a * b = c$

6

여섯 번째 수업

항등원과 역원

여섯 번째 학습목표

1 항등원과 역원 구하기에 대해 알아봅니다.

미리 알면 좋아요

1 **항등원과 역원의 전제조건** 항등원을 정의한 식 $a*e=e*a=a$와 역원을 정의한 식 $a*x=x*a=e$에서 항등원과 역원이 존재할 수 있는 조건을 살펴봅니다.

$a*e=a$, $a*x=e$가 성립하려면 a, e, x가 모두 집합 S의 원소이어야 합니다. 그리고 $a*e=e*a$, $a*x=x*a$에서 항등원, 역원을 가지려면 교환법칙이 성립해야 합니다.

$a*e=e*a=a$에서 항등원은 하나의 연산에서 오직 하나만 존재합니다.

$a*x=x*a=e$에서 역원은 항등원이 존재할 때만 존재합니다.

2 $ax=b$에서

$a\neq0$일 때, $x=\frac{b}{a}$이고

$a=0$일 때, $b\neq0$이면 해가 없습니다.불능

에미 뇌터가 여섯 번째 수업을 시작했다

다음으로 e가 연산 $*$에 대한 항등원일 때, S의 임의의 원소 a에 대하여

$$a*x=x*a=e$$

를 만족하는 S의 원소 x를 연산 $*$에 대한 a의 역원이라고 합니다.

문제

실수의 집합에서 $a*b=2ab$라 하면 항등원은 $\frac{1}{2}$ 입니다. 그렇다면 2의 역원은?

역원을 구하려면 항등원을 알아야 합니다. 진짜 중요합니다. 항등원이 없으면 역원은 존재하지 않으니까요. 과거가 없으면 현재가 없고 현재가 없으면 미래도 없는 것과 같은 이치입니다. 항등원이 현재의 역할을 합니다. 그래서 미래를 역원이라고 생각하면 됩니다.

2의 역원을 구하는 것에 대한 식은 다음과 같이 만들 수 있습니다.

$2 * x = \frac{1}{2}$ $\frac{1}{2}$은 항등원

따라서 $2 \times 2 \times x = \frac{1}{2}$이므로 $x = \frac{1}{8}$입니다.

문제

실수 전체의 집합 $\mathbb{R}$에서 연산 $*$를

$$a*b=a+b+1$$

로 정의할 때, 연산 $*$에 대한 항등원과 2의 역원을 구해 봅시다.

일단 폴이 $a*b=a+b+1$로 공격을 합니다. 이에 터미네이터는 $b*a=b+a+1$로 되받아칩니다.

연산 $*$는 교환법칙 $a*b=b*a$가 성립하므로 무승부입니다.

항등원을 구할 때 $a*e=a$에서 e를 구할 수 있습니다.

폴이 $a*e=a$에서 $a+e+1=a$ 로 계산해 내어 $e=-1$이란 것을 알아냅니다.

다음으로 2의 역원을 x라 두면서 $2*x=e$에서 $2+x+1=-1$을 잽싸게 계산하여 $x=-4$란 사실을 구했습니다.

참! 여기서 연산 $*$에 대한 항등원을 구할 때에는 교환법칙이

성립하는가를 먼저 확인합니다.

역원을 구할 때는 먼저 항등원을 구해야 한다. 항등원이 존재하지 않으면 역원도 존재하지 않는다.

이것을 잘 생각해서 터미네이터랑 대결을 벌여 나가야 합니다. 서서히 다가오는 터미네이터, 어떤 공격을 해 올지 긴장됩니다. 이번 공격은 역원이 안 생기게 만들어 미래로 가는 연결고리를 끊어야 하겠습니다. 무조건 역원이 안 나오게 하는 연산을 유도해야 합니다.

결투가 시작됩니다.

대결 1

실수 전체의 집합에서 연산 $*$를 $a*b=a+b-ab$로 정의할 때, 연산 $*$에 대하여 역원이 존재하지 않는 실수를 구하라.

물론 터미네이터는 이 대결에서 역원이 생기기를 원할 것이고, 폴은 미래와의 연결을 끊기 위해 역원이 안 생기게 하는 실수를 구해 낼 것입니다.

터미네이터는 역원이 생기려면 항등원이 있어야 하므로 잽싸게 항등원을 구해 냅니다. 항등원이 안 생기게 하려고 노력했지만 한발 늦었습니다.

터미네이터의 공격, 항등원 만들기

$$a * e = e * a = a$$

$$\Rightarrow a + e - ae = a$$

$$\Rightarrow e(1 - a) = 0$$

$$\therefore e = 0$$

일단 교환법칙이 성립하는 장면을 보여 주고 있습니다.

그 다음으로 연산에 의해 변형시킨 모습, $a+e-ae=a$와 항등원 e가 0이라는 사실을 찾아낸 거죠.

폴의 반격

이번에는 폴이 먼저 계산을 합니다.

$a*x=0$, $a+x-ax=0$으로 일단 역원이 만들어지는 식을 세웁니다. 이 식에서는 항등원 0이 나오도록 식을 세우는 것이 바로 역원을 만드는 식입니다. 역원이라는 녀석은 x입니다.

x에 관해 식을 정리하면

$(1-a)x=-a$입니다.

터미네이터는 x 앞에 곱해져 있는 $(1-a)$를 넘겨서 역원 x를 만들려고 하고 폴은 못 넘기게 하려고 합니다. $(1-a)$가 넘어가면 바로 역원이 생겨 버리니까요.

터미네이터가 만들려고 하는 생각

$$(1-a)x=-a,\ \ x=\frac{-a}{1-a}$$

이렇게 역원을 만들어 버리면 우리는 끝장나는 것입니다.

폴이 달려들어 1이라는 수를 a에 넣어 버립니다. 역원이 사라져 버렸습니다. 어떻게 된 것일까요? 터미네이터는 그 충격으로 작동이 멈춰 버립니다. 대체 무슨 일이 일어난 것일까요?

이 상황을 여러분을 위해 설명해 주겠습니다.

$(1-a)x=-a$

여기서 터미네이터가 x를 구하려면 $1-a$가 0이 되면 안 됩니다. 왜냐하면 어떤 수를 0으로 나누는 것은 불가능하기 때문이죠. 예를 들어, $0\times x=4$에서 $x=\frac{4}{0}$가 되어 분모에 0이 오는데 이것은 틀린 것입니다.

위 식에서도 $1-a$가 0이 된다면 식 자체가 성립되지 않습니다. 영리하게도 폴은 그 사실을 알고 있었던 것입니다. a가 1이 아니라면 역원이 생기지만 a가 1이라면 역원은 생길 수가 없습니다. 그 사실을 안 폴이 a 자리에 1을 대입하여 x 앞에 0이 되도록 한 것입니다.

폴과 터미네이터가 사각의 링 위에 서 있습니다. 두 번째 대결이 시작됩니다. 사각형의 링은 다음과 같은 모양입니다.

*	a	b	c
a	b	c	a
b	c	a	b
c	a	b	c

대결 2

$A=\{a, b, c\}$의 임의의 두 원소에 대하여 연산 $*$를 위 표와 같이 정의할 때, 연산 $*$에 대한 항등원과 b의 역원을 차례로 구하라.

말이 끝나자마자 터미네이터는 눈알을 좌우로 '지이잉' 돌리며 * 표시 밑으로 a, b, c를 입력하고 가로로 움직이면서 c 밑의 a, b, c에 시선을 멈춥니다.

"항등원은 c입니다."

폴이 한발 늦었습니다. 폴은 손으로 짚어 가며 b에서 출발하여 항등원 c가 나오게 하는 원소 a를 찾아냅니다.

여러분이 이 격투를 잘 이해하기 위해 그림으로 보여 주겠습니다.

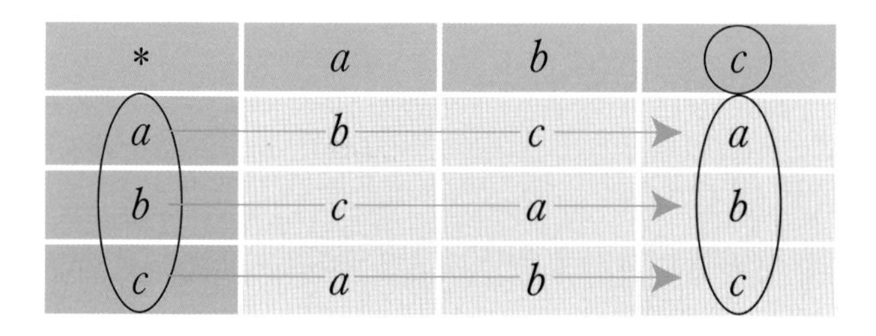

*	a	b	c
a	b	c	a
b	c	a	b
c	a	b	c

c가 항등원인 이유는 왼쪽의 a, b, c가 그대로 a, b, c가 되도록 하는 축이 c축이기 때문입니다.

*	a	b	c
a	b	c	a
b	c	a	b
c	a	b	c

위 줄의 b가 항등원 c가 되게 하는 원소는 왼쪽의 a이므로 b의 역원은 a입니다.

예를 들어 봅시다.

*	1	2	3	4
1	3	1	4	2
2	1	2	3	4
3	4	3	2	1
4	2	4	1	3

왼쪽의 숫자들이 자기 자신으로 그대로 가는 수는 2입니다. 따라서 2가 항등원입니다.

*	1	2	3	4
1	3	1	4	2
2	1	2	3	4
3	4	3	2	1
4	2	4	1	3

위 줄의 1이 항등원 2가 되게 하는 원소는 왼쪽의 4이므로 1의 역원은 4입니다. 다르게 찾아보면 왼쪽줄의 1이 2가 되게 하는 원소가 윗줄의 4이므로 1의 역원은 역시 4가 됩니다.

마지막 대결을 하기 전에 에미 뇌터는 이번 대결을 위한 마지막 당부를 폴에게 합니다.

연산이 성립하려면 계산한 결과가 모두 사각형 안에 있어야 합니다. 또 항등원, 역원을 가지려면 교환법칙이 성립해야 하고 항등원은 하나의 연산에서 오직 하나만 존재합니다. 아참, 역원은 항등원이 존재할 때만 존재합니다.

에미 뇌터가 이런 말을 폴에게 전달하는 동안 터미네이터의 귀 역시 에미 뇌터의 목소리를 감지하고 있었습니다. 터미네이터의 두뇌 회로에도 에미 뇌터가 말한 내용이 정리되어 입력됩니다.

아마도 이번 대결이 누가 이기든 마지막 대결인 것 같습니다.

대결 3

집합 $S=\{1, 2, 3, 4\}$에서 연산 $*$를 아래의 링과 같이 나타날 때, 연산 $*$에 대한 1의 역원을 먼저 찾아 공격하라.

*	1	2	3	4
1	3	1	4	2
2	1	2	3	4
3	4	3	2	1
4	2	4	1	4

이번 경기는 말로 해설을 하지 않습니다. 그림을 잘 보세요.

2에 대해 세로 축과 가로 축으로 자기 자신과 같은 수들이 등장합니다. 이것은 이 연산이 교환법칙이 성립한다는 증거입니다.

항등원이 2라는 사실을 폴과 터미네이터가 동시에 알아냈습니다. 그들은 다른 출발을 가지고 1의 역원을 찾기 시작합니다.

결과는? 그림으로 보세요.

*	1	2	3	4
1	3	1	4	2
2	1	2	3	4
3	4	3	2	1
4	2	4	1	4

터미네이터가 2를 향해 가로축으로 달려가는 동안 폴은 세로축을 선택하여 바로 2에 떨어져 앉았습니다. 2의 옆에 1의 역원은 4가 있었습니다. 4를 거머쥔 폴, 터미네이터를 향해 외칩니다.

"이 괴물 녀석, 죽어라."

폴이 이겼습니다. 폴과 에미 뇌터는 부둥켜안고 울고 있습니다. 그들이 미래의 수학을 지켜내고 인류의 미래를 살려낸 것입니다. 그들은 사랑에 빠졌고, 그들에게서 태어난 아이가 바로 미래 혁명군의 지도자가 될 것입니다.

이 괴물 녀석,
죽어라!
퍽!
으아아악
뻥~
뇌터 교수님
제가 해냈어요.
폴! 당신은
미래에서 온 수학
용사가 맞아요.
교수님, 아니 뇌터 씨
저에게 소원이 있어요.
뭐죠?
저와
결혼해 주세요.
나는 평생을 혼자
살다 죽었다고요.
저와 교수님이 수학의 미래를
바꿨듯이 우리의 미래도
바꿀 수 있어요.
흐음… 그러죠.
헤~.
와아! 수학도 구하고
신부도 구했다.

1 항등원과 역원 구하기

덧셈, 곱셈에서와 같이 일반의 연산에서도 항등원, 역원은 항상 존재하는 것이 아닙니다.

어떤 집합에서 연산의 정의를 어떻게 주어지는가에 따라 항등원, 역원이 존재할 수도 있고 존재하지 않을 수도 있습니다.

$a*e=e*a=a$를 만족시키는 e가 항등원이지만 주어진 연산의 교환법칙이 성립함을 말해 줌으로써 $a*e=a$만을 만족시키는 e를 항등원이라고 해도 됩니다.

2 연산표에서 항등원과 역원 찾기

• 항등식

연산의 결과가 세로 축과 같은 열을 찾습니다. 이때, 이 열의 가로축의 원소가 항등원입니다.

• a의 역원

세로 축이 a일 때, 연산의 결과가 항등원이 되는 지점을 찾습니다. 이때, 이 지점을 포함하는 열의 가로 축의 원소가 역원입니다.